本研究受国家重点研发计划项目(2022YFC3106204)与
国家自然科学基金(青年基金)项目(52101318)资助

潮滩生物膜对泥沙稳定性影响机制研究

陈欣迪——著

河海大学出版社
HOHAI UNIVERSITY PRESS
·南京·

图书在版编目(CIP)数据

潮滩生物膜对泥沙稳定性影响机制研究 / 陈欣迪著
. -- 南京 : 河海大学出版社, 2023.5
ISBN 978-7-5630-8116-5

Ⅰ. ①潮… Ⅱ. ①陈… Ⅲ. ①生物膜－影响－潮滩－泥沙－稳定性－研究 Ⅳ. ①TV141

中国国家版本馆 CIP 数据核字(2023)第 090043 号

书　　名 潮滩生物膜对泥沙稳定性影响机制研究
CHAOTAN SHENGWUMO DUI NISHA WENDINGXING YINGXIANG JIZHI YANJIU

书　　号 ISBN 978-7-5630-8116-5

责任编辑 吴　淼

特约校对 丁　甲

封面设计 张育智　周彦余

出版发行 河海大学出版社

地　　址 南京市西康路 1 号(邮编:210098)

电　　话 (025)83737852(总编室)　(025)83722833(营销部)

经　　销 江苏省新华发行集团有限公司

排　　版 南京布克文化发展有限公司

印　　刷 广东虎彩云印刷有限公司

开　　本 700 毫米×1000 毫米　1/16

印　　张 7.125

字　　数 104 千字

版　　次 2023 年 5 月第 1 版

印　　次 2023 年 5 月第 1 次印刷

定　　价 98.00 元

前　言

潮滩作为海陆相互作用的前沿地带，不仅是重要的后备土地资源，也是重要的湿地资源，蕴藏着丰富的海洋资源，并在缓冲风暴潮侵袭、保护生物多样性、降解环境污染等方面发挥着多重功能。该区域多因子相互作用频繁，动力过程复杂，为沿海滩涂的开发与保护带来了巨大挑战。泥沙是潮滩的重要组成单位，其特性与动力行为决定了海岸泥沙的稳定性，影响着潮滩系统的演变。因此，开展泥沙特性调查，掌握泥沙动力行为，分析海岸泥沙的稳定性，对于深入了解潮滩地貌演变规律，科学开发、保护沿海滩涂资源都具有重要的理论价值和实践意义。

传统的海岸动力学认为，海岸泥沙的稳定性与泥沙的物理一化学性质（如容重、粒径、矿物成分等）关系密切，微生物的作用对泥沙运动特性的影响很小。因此，在泥沙输运、地貌演变的预测模型中，相关指标的参数化（如临界起动切应力）均未考虑微生物过程。然而，自 43 亿年前细菌出现在地球上以来，微生物系统已遍布全球的沉积环境中。近年来的研究发现，由于潮滩微生物的存在，潮滩近底边界发生着复杂的物理一化学一生物变化过程。作为潮滩生态系统中重要的组成部分，由微生物及其分泌的黏性物质（胞外聚合物，Extracellular Polymeric Substances，EPS）组成的生物膜，对海岸泥沙的稳定性影响显著。研究潮滩生物膜对海岸泥沙稳定性的影响，分析生物稳定效应的形成机制，正成为海岸泥沙动力学研究的国际前沿和热点问题。

本书针对传统海岸泥沙动力学忽略微生物因子的不足，将泥沙及其黏附的生物膜看作一个研究整体（即生物泥沙），通过室内实验，针对潮滩环境的特征，研究了微生物组成和水动力条件两个关键因子对生物泥沙稳定性的影响。针对潮滩生物膜中细菌和藻类共存的情况，分别探究了细菌系统和菌藻共生系统的生物膜在不同形成阶段下，泥沙中的EPS含量、泥沙颗粒的微观形貌在底床深度方向的变化规律，阐明了由EPS介导的生物黏性对非黏性泥沙冲刷特性的影响，揭示了生物膜影响潮滩泥沙稳定性的作用机理。针对大、小潮期间潮滩高低切应力交替变换的水动力特性，考察循环动力作用下生物泥沙特性的演变规律及作用机制，改进了传统的"机会窗口"理论，建立了概念模型。研究结果对于深入了解海岸泥沙的运动输移规律，认识潮滩微生物系统的环境效应，以及对促进河口海岸泥沙运动力学的发展都具有重要的理论价值和学科意义。

综　述

潮滩作为一个复杂的生态系统，其地貌形成和演变是多因子相互作用的结果。潮滩泥沙的动力特性、水沙响应关系以及动力地貌演变的机制研究，是海岸工程领域的重要内容。在传统的海岸动力学研究体系中，海岸泥沙的稳定性研究主要关注泥沙的物理一化学性质。然而，近年来的研究发现，潮滩系统中富含的微生物群落因分泌黏性物质（胞外聚合物，Extracellular Polymeric Substances，EPS）而形成生物膜，能引起泥沙临界起动切应力的显著提高，影响潮滩的地貌演变。因此，研究潮滩底沙中生物膜的时空分布特征，掌握生物膜对海岸泥沙的稳定作用，不仅能更全面地了解潮滩近底边界发生的复杂的物理—化学—生物变化过程，真实还原多因子相互作用下海岸泥沙的运动特性，对进一步认识潮滩动力地貌过程，丰富海岸动力学和泥沙运动力学的内涵，也具有重要的理论价值和学科意义。

鉴于此，本书聚焦于潮滩泥沙因附着生物膜而产生的生物稳定效应，通过室内实验，得到了生物膜对非黏性泥沙冲刷特性影响的一般性规律，揭示了生物稳定效应的影响因素及作用机理。针对潮滩环境的特征，利用自主研发的装置，以生物泥沙的形成及其冲刷行为改变为对象，分别研究了单一菌种和菌藻共生两类不同微生物组成、恒定流和循环动力作用两类不同水动力条件对生物泥沙稳定性的影响。在此基础上，建立了循环动力作用下生物泥沙的形成及其对水动力响应的概念模型。主要结论具体如下：

(1) 恒定水动力下生物膜对底沙的整个冲刷过程均产生重要影响。

由非黏性泥沙建立起的生物泥沙底床中，生物膜除了在底床表面累积外，还呈现出在深度方向由表层向底床内部渗透的趋势。EPS在单颗粒上的黏附、多颗粒间的“架桥”以及最终三维网状结构的形成，将分散的泥沙颗粒聚集成团，增强其整体稳定性，改变了非黏性泥沙的特性，继而影响了其起动和冲刷行为。生物泥沙的冲刷是一个全新的表面破坏过程，即使水流达到临界起动切应力，泥沙并不立即起动，而是首先发生生物膜的剥离。冲刷过程中不再产生沙纹，表明泥沙起动初期的推移质运动被完全抑制。破坏从床面的“最薄弱点”开始，床面在冲刷过程中表现出明显的不均匀变形。生物膜还会对次表层泥沙的冲刷产生影响，并形成新的冲刷类型。此外，不同微生物种群的生物膜对泥沙的整个冲刷过程产生不同影响，但作用机理类似，均与 EPS 的垂向分布相关，生物黏性使得传统意义下的非黏性泥沙展现出黏性泥沙的特性。菌藻共生体系下对底床临界起动切应力的提高约为单一菌种培养条件下的 1.7 倍。

（2）生物膜的附着历史对泥沙稳定性的重建有重要影响。

有前期附着历史的生物泥沙表现出更快的生长率，仅 5 天的生长期内临界起动切应力可提高到 0.3 Pa，接近培养初期非黏性底沙的 2 倍，超过了单周期恒定流条件下培养 16 天的生物泥沙的起动阈值。在潮滩地区以大、小潮循环冲刷为特征的水动力作用下，底床临界起动切应力的提高和次表层冲刷率的降低同时发生，整体抗侵能力不断增强。与单周期恒定水动力条件相比，周期性的生长—冲刷—再生长过程有助于将累积于底床表层的高浓度 EPS 重新分配到更深的床层中，从而增强深度方向的整体稳定性，并最终改变沉积环境，对潮滩地貌演变过程产生本质影响。本书基于生物稳定性在循环动力作用下被逐渐强化的特征，改进了传统的“机会窗口”理论，建立了循环动力作用下生物泥沙的形成及其对水动力响应的概念模型。

作者

目　录

1

第1章 绪论

1.1 研究背景和意义

自20世纪80年代中后期开始，海岸带陆地—海洋相互作用一直被列为国际科学界实施的国际地圈生物圈计划的核心议题。潮滩，作为海陆相互作用的前沿地带，也是海岸带的重要组成部分，在世界各地广泛分布，如中国东部沿海、英国西部及东南海岸、美国西北海岸、法国西海岸等。目前，海岸带资源的开发进程大多集中在潮滩区域，其不仅是重要的后备土地资源，也是重要的湿地资源，蕴藏着丰富的海洋资源，并具有缓冲风暴潮侵袭、保护生物多样性、降解环境污染等多重生态功能。凭借其自身丰富的自然资源，潮滩已成为开发的重要区域。

潮滩一般发育在沿海平原外缘，坡度很缓，底质由细颗粒泥沙组成（淤泥质黏土、粉砂、粉细砂等），该区域水动力作用复杂，泥沙类型涵盖了黏性沙到非黏性沙，且盐沼植被滩与光滩并存。潮滩地貌是多因子相互作用的结果，同时，其本身也是一个复杂的生态系统。水动力（波浪、潮流等）、生物（盐沼植物、底栖生物等）、极端气候（风暴潮、台风浪等）以及人类活动（海岸带资源开发利用）通过非线性叠加共同作用在潮滩上，驱动着潮滩上泥沙输运和地貌演变。在传统的研究体系中，大部分阐释海岸泥沙稳定性机理的研究主要关注于泥沙的物理—化学性质，如容重、粒径、矿物成分等。近年来，对潮滩系统的研究逐渐向生物、生态方向拓展，例如，盐沼植被的迁徙、扩张，潮滩底栖生物对滩面稳定性的影响等，而遍布地球上所有沉积环境中的微生物系统，一直是潮滩生态系统中不可忽视的组成因子。因此，在自然的河流、滩涂或其他自然微生物群落丰富的地区，微生物作用对泥沙动力学的贡献不可忽视。从微观视角看，由于潮滩上广泛存在的微生物系统，使得近底边界层内发生着复杂的物理—化学—生物过程，其对于潮滩微地貌的塑造作用是一个新的研究难点。潮滩微生物对泥沙抗侵能力的提高，表现出的生物稳定效应也成为该领域研究的国际前沿和热点问题。同时，微生物还可促进泥沙对污染物的吸附，使污染物的迁移与泥沙的输运密切相关，也是生态和环境问题的研究热点。

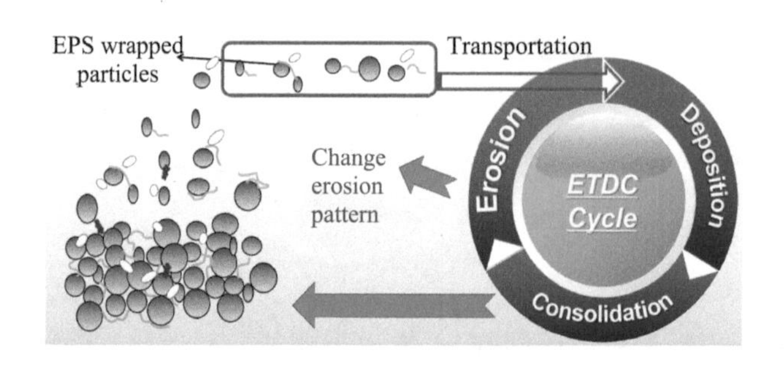

图 1.1　微生物系统对泥沙 ETDC 循环的调控

自然界中的泥沙并非仅由矿物颗粒组成，大量不同的微生物通过分泌一种被称为“胞外聚合物”(Extracellular Polymeric Substances, EPS)的黏性物质而形成生物膜，黏附于泥沙载体上，形成“生物泥沙”。在挟沙水体中，泥沙颗粒在水流的作用下冲刷(Erosion)、输移(Transportation)、沉降(Deposition)和固结(Consolidation)，形成 ETDC 循环。泥沙的这一动力循环机制对河口海岸的物质输运和地貌演变有重大意义。而生物膜通过对泥沙颗粒的附着、包裹，对颗粒间的“架桥”连结，调节着泥沙运动的 ETDC 循环(图 1.1)。由于生物膜的覆盖和黏结作用，泥沙的抗冲性能提高，同时可能改变泥沙颗粒在水流作用下的起动方式，影响着泥沙的冲刷(Erosion)；当水流切应力大于生物膜的强度以及滩面泥沙的起动切应力后，表层泥沙被冲刷、悬浮，进入上层水体，由于生物膜的附着，形成生物絮团(Bio-Floc)，继而进一步影响泥沙的输移(Transportation)和沉降(Deposition)过程；当水动力变弱时，生物泥沙重新沉降至滩面，在复杂的物理—化学—生物的共同作用下重新固结(Consolidation)。研究表明，微生物过程影响了泥沙的运动特性，对潮滩地区泥沙的输移具有重要影响。近年来，由底栖微藻等形成的生物膜所导致的泥沙稳定性(抗冲特性)的改变,日益受到关注。在考虑泥沙理化特性的同时,也有研究通过开展大量的野外观测工作,定性评估或简单量化了微生物因子对泥沙多方面特性的影响。因此,生物泥沙将在多个方面展现出与不考虑微生物作用时不同的特性,泥沙上的生物膜与传统泥沙动力学关注的各项物理、化学参数之间互相影响、相互作用。生物膜与沉积环境之间的相互影响对泥沙的稳定性、抗侵能力发挥着重要作用,继而影响海岸泥沙的输运和地貌演变。然而目前,对泥沙运动特性的主流认知普遍基于实验室中不考虑微生物作用的研究结果。在泥沙输运、地貌演变的预测模型中,相关指标(如临界起动切应力、床面糙度)的参数化过程只考虑了非生物指标,因此,常常并不能很好地反映自然环境下泥沙的运动特性,尤其是在富含微生物的潮滩区域。综上所述,潮滩生物膜对海岸泥沙运动特征的调控与作用机理有待深入研究。研究潮滩生物膜对海岸泥沙的稳定作用,不仅能更全面地了解潮滩近底边界层内发生的复杂的物理—化学—生物过程,真实地还原多因子相互作用下海岸泥沙的运动特性,对进一步认识潮滩动力地貌过程,丰富海岸动力学和泥沙运动力学的内涵,也具有重要的理论价值和学科意义。

1.2 国内外研究现状

河口以及潮滩区域曾经被认为是低能源储量的滩荒地。随着对海岸带生态系统的不断研究与重认知,人们逐渐意识到,潮滩是生态圈中复杂、动态、多源的环境系统。潮滩生物、生态资源丰富,能够提供众多的生态系统服务功能。潮间带区域动力环境复杂,潮滩底栖微生物受到不同时空尺度的、多因子共同作用的动力驱动。以日变化为例,潮滩上进行光合作用的微生物(如硅藻、蓝藻细菌等)的代谢强度将随着昼夜交替而产生的光照强度的变化而显著改变。而在潮汐作用下,每日的涨落潮控制着滩面上不同区域的露滩时间,决定着底栖微生物在空气中的暴露时长。每月大、小潮的周期性变化使得潮滩始终处于高、低切应力交替的动态环境中,而由海向陆不同区域受到的水动力作用的强弱(底部切应力)也有较大差异。这些不同时空尺度的物理、化学、生物因素之间的相互作用决定了潮滩地貌演变和生态响应。而在这一复杂的系统中,微生物群落普遍存在于各类砂质和淤泥质潮滩中,作为潮滩生态系统中主要初级生产者,同时在泥沙运动、物质输移等多过程中也扮演着重要的角色。潮滩微生物系统在多个尺度上调节着海岸泥沙的特性,在微观尺度上表现为对泥沙颗粒表面化学、电荷特性以及微观形貌特征的改变,在宏观尺度上表现为对泥沙稳定性的影响。

目前,有关微生物系统与环境因子及海岸泥沙间相互作用的研究仍然十分有限。而潮间带区域由于其独特的动力环境特征,给潮滩生物膜形成、演变的深入研究带来很大的挑战。由于生物膜对泥沙稳定性的影响大部分集中于海陆交界处或河口地区,因此,相关研究中生物膜的附着载体主要是细颗粒泥沙。现有的潮滩微生物系统对环境因子响应的相关研究表明,潮滩微生物生物膜受季节性影响较为显著。Andersen 对微藻泥滩的现场观测发现,当没有大型底栖动物扰动时,夏季滩面的底栖微藻生物膜的覆盖面积明显增加。类似的,Yallop 等的研究表明,生物量和生物膜受季节变化显著,会随时间而有所波动:春夏季节水体微生物的浓度和生物多样性均较高,EPS 分泌显著增加;进入秋冬季节,随着微生物的逐渐消亡,生物膜整体呈现出衰退、脱落状态。法国学者对潮间带微生物分布特征及其随潮动力和季节性变化特征进行了研究。基于潮滩现场观测,分别在夏季、冬季,进行了两次连续 14 天、包含一个完整潮周期的原位取样观测。观测的环境指标包括潮差、盐度、湿度、孔隙水含量、光照强度等。同时,基于现场采集的泥沙样本,对光滩(无植被生长的滩面)滩面表层的菌类、底栖微藻的种类、丰度,以及 EPS 的组分、浓度等生化指标进行了分析。研究表明,潮滩上生物膜生长受季节的影响,变化显著。除了季节因素之外,潮滩微生物系统的演变还受潮滩环境下诸多生物、非生物因子的驱动作用,有关这一方面的研究还很薄弱。例如,不同种类微生物生物膜(菌类、藻类和菌藻共生体系)形成的生物泥沙体系的稳定性的差别以及产生这一差别的原因;潮间带微生物系统在复杂水动力条件作用下的响应机制(如潮周期循环作用、风暴潮破坏等);人类活动影响下,水体营养物质种类以及浓度的改变、气候变化(即全球变暖、海平面上升等)的影响。

1.2.1 潮滩微生物及其生物膜

生物膜是在人工载体或天然载体上,由细菌、真菌或微藻类,以及微生物分泌于细胞外的、紧密包裹着微生物群落的高分子聚合物(胞外聚合物,Extracellular Polymeric Substances,EPS)组成。生物膜代表着水体中微生物生命的主要模式,在水生生态系统中起着重要作用,如新陈代谢、营养物循环以及能量流动等。潮滩生物膜通常是在自养型微生物和异养型微生物的混培体系下形成的，潮滩生物膜中的光合作用真核生物和蓝藻菌群又被称作底栖微藻(MPB)。潮滩滩面覆盖的生物膜的厚度一般都很薄(从几微米到几毫米)，泥沙颗粒包裹于生物膜的网状结构中。潮滩生物膜中的底栖微藻需在潮滩出露阶段进行光合作用，但过强的光照辐射也可能抑制其细胞的生长。在每日的涨落潮过程中，滩面表层的生物膜交替地淹没在水下或暴露于空气中。因此，大量研究指出，底栖微藻类生物膜通常形成于潮滩的表层或次表层。一些具有移动能力的微生物，如硅藻类，可判断外部环境中光照或水动力的强弱，在潮滩的表层和次表层之间移动，以选取最合适的生长条件。因此，潮滩生物膜的存在，建立了滩面泥沙与空气/水体间的一道保护屏障，并被相关学者称为潮滩的天然“Skin”。潮滩生物膜在潮滩滩面的固—液或固—气交界面上，调节着众多复杂的物理、化学和生物过程，在潮滩系统的结构、功能和动力方面扮演着重要的角色。如图 1.2 所示，由于生物膜中微生物优势种群的不同，潮滩生物膜可能展现出多种不同的表观特征，最为典型的为呈现棕褐色的硅藻类生物膜。

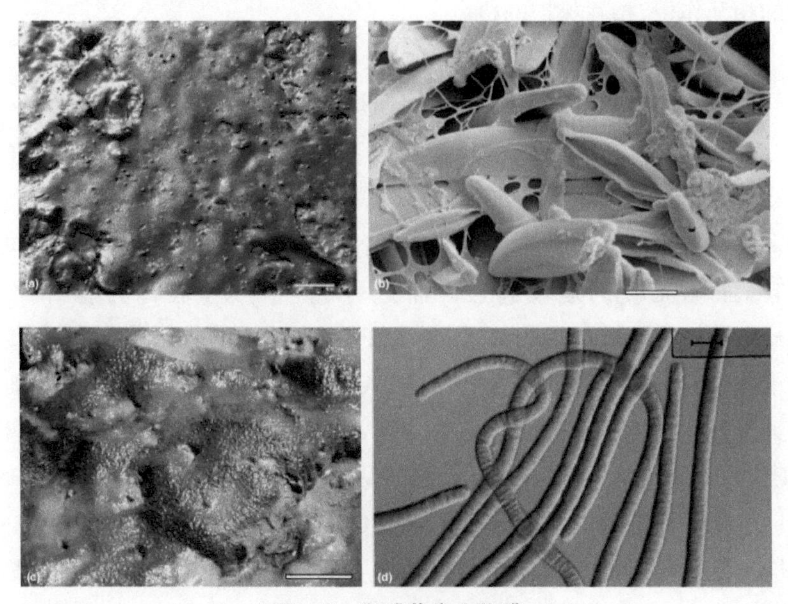

图 1.2　潮滩藻类生物膜

(a) 荷兰 Biezelingsche-Ham 淤泥质潮滩滩面覆盖的深棕色硅藻生物膜；(b)硅藻生物膜的低温扫描电镜图像；(c) 澳大利亚 Cairns 砂质海滩表面覆盖的蓝绿色蓝藻生物膜；(d) Lyngbya spp. 蓝藻细菌的显微镜图像

硅藻是单细胞藻类，有硅细胞壁，形态广泛，其形成的生物膜一般是棕色或深褐色。硅藻细胞具有移动性，可从潮滩表面垂向移动到更深层中。受每日涨落潮的作用，当潮流流速较大时，为了避免暴露于较强的动力环境下，硅藻常从滩面向下迁移至底床的次表层。当落潮露滩时，若光照过强，为避免高强度的辐射对细胞带来的损害，硅藻也可能由潮滩表面向下迁徙。普遍的观点认为，硅藻的迁徙依赖于分泌于硅藻细胞外的高分子聚合物(EPS)在泥沙颗粒间形成的空间网状结构。此外，在营养过于丰富的环境中，硅藻细胞也会分泌 EPS，作为贫营养状态下的食物来源。而 EPS 的黏性特征对海岸泥沙的稳定性发挥着至关重要的作用。这种稳定效应通常会导致有硅藻生物膜保护的潮滩区域的滩面高程高于周围没有可见生物膜覆盖的区域。硅藻生物膜通常在淤泥质潮滩上形成，但也有研究表明，在砂质潮滩上少量的 EPS 含量可能对床面变形的抑制起着控制性的作用。由此可见，潮滩泥沙的孔隙为如硅藻这一类的可移动型微生物提供了垂向迁徙的可能，为微生物的生长和生物膜的形成提供了庇护场所；同时，生物膜中的 EPS 又反过来影响着潮滩泥沙的稳定性。因此，潮滩微生物及其生物膜与海岸泥沙之间存在着复杂的相互作用、相互保护的机制。

1.2.2 潮滩生物膜的组成及其形成过程

当广泛存在于水体中的细菌、藻类等微生物吸附于固体表面(如潮间带泥沙颗粒、植物表面等)时，会分泌一种黏性物质，形成三维网状结构，包裹泥沙颗粒，影响泥沙的运动特性。而这种黏性物质，被称为胞外聚合物(Extracellular Polymeric Substances, EPS)，是在一定环境条件下由微生物分泌于体外的一些高分子聚合物。Geesey 将 EPS 定义为“由微生物细胞分泌于细胞外的一类高分子聚合物”；Gehr 和 Henry 针对 EPS 的提取过程，认为 EPS 是“一种不需要破坏细胞就能够从生物膜中提取出来的高分子物质，提取后的微生物细胞的存活不受影响”；Characklis 和 Wilderer 根据 EPS 具有黏性的特征，认为 EPS“在生物膜中主要起到结合细胞和其他一些微粒物质，并附着在基底上的作用”。EPS 主要成分与微生物的胞内成分相似，是一些高分子物质，如多糖和蛋白。除了主要有机成分多糖和蛋白以外，EPS 还含有磷脂、核酸、腐殖质、糖醛酸以及无机成分，其中多糖和蛋白占 EPS 总量的约 70%～80%，其他部分占 20%～30%。

EPS在细胞外有多种存在方式，或附着于细胞壁上，与细胞壁紧密结合（被称为胶囊EPS，Capsule EPS），或以胶体和溶解状态存在于水体中（被称为黏质EPS，Slime EPS）。目前，大多数研究一般将两者称作结合型EPS（Bound EPS）和溶解型EPS（Soluble/Colloidal EPS）。通常可以用离心的方法将这两种不同类型的EPS分开，存在于上清液中的是溶解型EPS，存在于沉淀物中的是结合型EPS。EPS在微生物表面的组成如图1.3所示。结合型EPS在细胞外的分布，呈现出具有流变特性的双层结构。内层为紧密结合型EPS（Tightly-bound EPS），能相对稳定地附着于细胞壁外，与细胞表面结合紧密，并能保持一定的形态；外层为松散结合型EPS（Loosely-bound EPS），是疏松的黏液层，可向环境水体中扩散，不能维持特定的结构形态，通常不存在明显的边缘。不同类型的EPS对泥沙底床的作用也不相同。溶解型EPS对泥沙中的孔隙水具有保持作用，抑制沉积物的失水干燥，但同时也不利于黏性泥沙的排水固结。而结合型EPS则具有包裹泥沙颗粒、增加颗粒间黏性的作用。

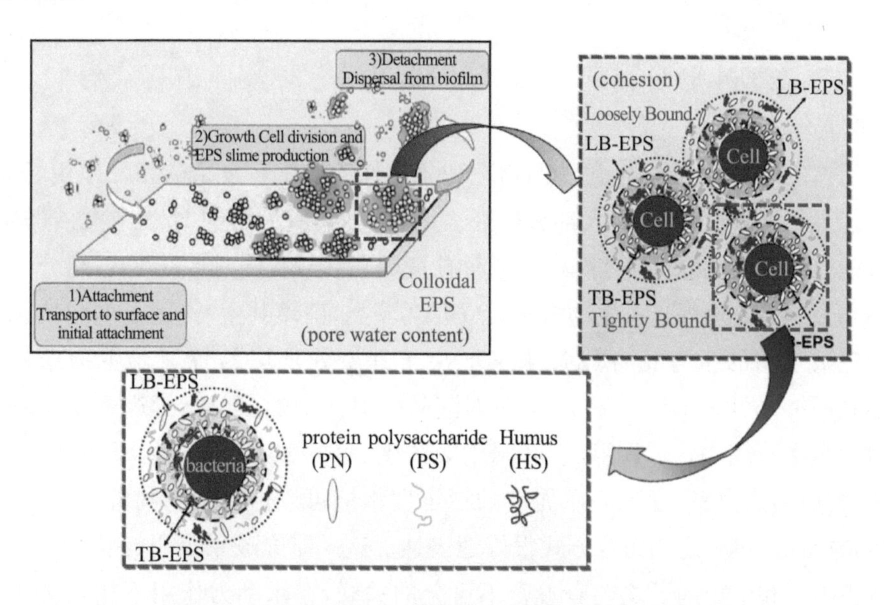

图1.3 固体表面的生物膜形成过程及其组成的概念图

生物膜的形成涉及不同有机质的多种生理学状态，包括细胞转运到载体表面，通过有效接触进行初始黏附，当载体表面的初始累积达到一定浓度后，进入指数型快速增长期，其间，其生长率先增加后减小，并逐渐趋近于零，达到一个相对稳定的状态，直至最后的剥离脱落，如图1.3所示。将生物膜的形成过程具体划分为以下四个阶段：

（1）初始黏附期：在最初的积累阶段，硅藻、细菌等微生物主要通过水动力作用、重力作用等定殖于载体表面（在潮滩上，载体多为泥沙颗粒、植被根茎等）。

（2）快速增长期：通过物理作用（如范德华力、表面张力等）及化学作用（如氢键、离子键等）进一步促进细胞之间的连接，并大量吸收环境中的营养物质，在此阶段，生物量迅速增长至最大值，同时，微生物分泌大量的 EPS，生物膜的形成进入快速增长期。

（3）成熟期：微生物之间作用力稳固，微生物细胞成熟。微生物细胞代谢以及快速增长期累积的大量 EPS 均加强了细胞间的相互接触。

（4）剥落期：成熟的生物膜维持一段时间后，由于细胞自身的生命周期及细胞间的磨损进入老化阶段，或因外界环境的变化，例如，水动力增强而导致的侵蚀、底栖动物扰动等因素，导致外界环境不再能继续维持生物膜内部结构的稳定，进一步导致生物膜与载体之间发生脱落或者剥离的现象。

1.2.3 潮滩生物膜对海岸泥沙性质及运动特性的影响

首先，潮滩生物膜与泥沙的物理和化学性质发生着复杂的相互作用。过去几十年，潮滩生物膜的大部分研究表明，微生物所分泌的 EPS 与泥沙的结合能力不仅受所处环境（水动力、水体盐度等）的影响，同时也受 EPS 组分（多糖和蛋白的比值等）、微生物的种类（菌类、藻类、菌藻共生）等因子的影响，而这些微生物的生理指标反过来又取决于其所处环境的各项非生物条件。Gerbersdorf、Brouwer、Tolhurst 等对潮间带泥沙中的多个指标进行了检测，包括容重、含水率、矿物组成、叶绿素 a 浓度、溶解型 EPS 浓度、滩面吸附能力、抗剪切能力等，发现海岸泥沙的稳定性指标可以由泥沙的物理—化学—生物指标通过一定的组合方式很好地表达。这一研究成果表明，潮滩泥沙的沉积因子和生物因子之间有着密不可分的关联，在水动力作用下相互影响，并共同决定了泥沙的稳定性。

泥沙冲刷发生与否及侵蚀速率和深度是由外部作用（即水动力强弱）和泥沙本身的抗侵蚀能力（即泥沙的临界起动切应力）共同决定的。传统的海岸动力学认为，海岸泥沙的抗侵能力主要由重力和黏性决定，而黏性的来源主要考虑泥沙的物理—化学性质（如粒径、矿物成分等）。因此，在泥沙输运、地貌演变的预测模型中，相关指标的参数化（如临界起动切应力）均未考虑生物过程。然而，近年来的研究越来越关注生物因子对泥沙的物理化学性质及抗侵蚀能力的影响。例如，潮滩植被根系具有固滩的作用，对潮滩的稳定性产生积极的影响；而潮滩小型动物、大型底栖动物等的活动则会对底床产生生物扰动，不利于潮滩的整体稳定性。此外，普遍存在于地球几乎所有沉积环境中的微生物因子（生物膜），也与天然泥沙性质的变化密切相关。因此，人们开始研究生物膜对泥沙的冲刷特性、稳定性的影响，相关研究大多从宏观或者几个简单指标相关的角度探讨生物膜和泥沙理化特性之间的关系。

在有关微生物因子对海岸泥沙性质及运动特性的影响的研究中，Tolhurst 于 2008 年发现了一个十分有趣的现象：当考虑微生物作用因素后，传统观念中泥沙物理特性与运动特性之间的定性关系可能发生颠覆性的改变。在只考虑非生物因素的泥沙动力学体系中，黏性细颗粒泥沙的抗侵能力随着含水率的降低而逐步提高，这一过程被称为排水固结。发生这一现象的基本机制为，当细颗粒泥沙颗粒间的孔隙水缓慢排出后，细颗粒之间的距离变短，颗粒表面之间的接触面积增加，相互作用力增强，颗粒间的物理—化学黏性增强。因此，当细颗粒潮滩逐渐干燥时，其抗侵强度增加，整体稳定性将提高。然而，生物膜的存在可以使含水率和抗侵强度之间的关系发生颠覆性的改变。当生物膜在潮滩滩面上生长并逐渐累积加厚的过程中，表层泥沙的含水率会随之逐渐增加。生物膜使泥沙含水率升高主要通过以下三种方式：

（1）生物膜中微生物群落细胞内保持的水；

（2）生物膜在潮滩表面的覆盖使得表面的黏性和吸附性增加，从而更利于松散的细粒沉泥沙絮凝体的沉积，成为表层生物膜的一部分，而这些絮状物中含有大量的孔隙水；

（3）EPS 本身就具有高含水率（90%以上都为水），且因其结构特征，保水能力强，可抑制泥沙中的含水蒸发、渗透等过程。

因此，由于大量水都保持在生物膜结构中，而生物膜充斥在泥沙颗粒间进行填塞，提供了生物黏性，反而增加了泥沙的黏结强度。因此，由于微生物因素的存在，天然泥沙常常同时展现出高含水率和高抗冲性能的特征，而这一现象与传统的不考虑微生物影响到泥沙体系中所呈现的规律恰恰相反。

1.2.4 泥沙的生物稳定性(Biostablization)

由于生物膜的黏附而降低泥沙侵蚀的效应被国外学者定义为“生物稳定性”(Biostablization)。当悬浮态的微生物附着于泥沙颗粒后,微生物通过分泌 EPS 形成具有三维网状结构特征的生物膜,将分散的泥沙颗粒黏结为整体。当环境条件适宜生物膜生长时,底床表面可形成大面积的生物膜覆盖。生物膜对底床表层起到保护作用,与泥沙共同抵抗水动力的侵蚀。

生物稳定性的作用机理非常复杂,总体而言,可将其归为由于生物黏性的增加所导致的泥沙抗侵能力、潮滩稳定性的增强。Paterson、Black 等认为,生物膜之所以可以加强泥沙尤其是细颗粒泥沙的稳定性,一方面是由于生物膜的表层覆盖作用有助于底床形成一个相对光滑稳定的表面,使边界层的紊动强度降低;另一方面是由于 EPS 可以黏结分散的泥沙颗粒,将泥沙颗粒包裹于 EPS 网状结构中,改变了泥沙的微观形貌特征,形成了具有一定结构强度的整体。

Tolhurst 研究了在含有黏性组分的底沙上培养硅藻生物膜,并观察其在 45 天的生长期内,泥沙特性的改变。结果表明,随硅藻生物膜的生长,泥沙湿密度、含水率、起动切应力均发生了明显改变,且在底床表层 2 mm 内的变化情况有较大差异。培养 45 天后形成的生物泥沙,其底床表面的抗侵强度有明显提高,因此该研究认为,淡水环境下(如河道中),生物稳定性对河床的作用显著。但 Stal 针对潮滩泥沙的生物稳定性研究则认为,在盐水环境下,滩面的抗侵蚀性和生物膜之间的关联还需要进一步研究。生物稳定性的产生机理复杂,但一般认为,其产生的基本原理为,水中的微生物通过其分泌物 EPS 和泥沙颗粒黏连到一起,使得泥沙除了理化黏性以外,还增加了生物黏性,继而导致泥沙性质的改变。生物膜包裹于泥沙表面,填充了颗粒孔隙并提供了更多的离子吸附点位。此外,基于环形水槽的室内实验研究表明,在相同的梯级冲刷条件下,不同的沉积时间对潮滩现场取回的黏性泥沙的冲刷特性影响远远大于相同粒径的模型沙。研究者将这一差异归结为不同沉降时间微生物形成的生物稳定性的差异。沉降时间越长,越有利于生物膜的形成,从而增加了泥沙颗粒的生物黏结作用,在与黏性泥沙排水固结的共同作用下,提高了底床的抗侵能力。当潮滩底质中黏性沙含量较高时,滩面可形成较厚的生物膜覆盖,其中 EPS 含量可高达 5%;相比较而言,在砂质海岸,EPS 的含量虽然很少(0.01%～0.1%),但沿底床的深度剖面形成较平均的分布。Malarkey等指出,砂质海岸上EPS对床面形态演变有着至关重要的影响。室内水槽实验结果表明,对于砂质海岸,虽然EPS含量很小,但对于床面形态的演变却能起到关键性的控制作用。由于EPS在颗粒间的黏结,将每个分散的泥沙颗粒黏结形成一个整体,牵制了单颗粒的运动,抵抗水流剪切作用的能力大大提高,很大程度上限制了沙纹的形成和发育。在此基础上,相关学者对该现象进行了深入研究,设计对照实验,将理化和生物作用对床面变形的影响贡献程度进行了定量化衡量,结果表明,微生物作用形成的生物黏性远远大于黏性泥沙含量增加提供的非生物黏性。基于这一实验结果,研究者强调,目前对床面变形、泥沙输运、地貌演变的预测模型仅考虑理化作用,并不能真实地反映泥沙的沉积特性,相关过程的研究还需考虑微生物因子产生的生物黏性的影响。

目前,有关泥沙生物稳定性的研究大多关注生物稳定性的"表层现象",即床面临界起动剪切应力的增加。近年来,Gerbersdorf等指出在宏观上生物膜表现为对底床表面的覆盖保护作用,从而提高了表层泥沙的起动切应力。但在微观层面上,由于EPS对单颗粒泥沙的包裹,改变了单颗粒的电荷特性;而在多颗粒之间形成的网状结构,具有向多孔介质内部渗透的能力,因而可能进一步改变颗粒间连接方式和整体结构强度,如图1.4所示。因此,生物稳定性并非只与表面覆盖的生物膜有关,该效应可能因为EPS在底床深度方向上延伸,由泥沙的表层影响到次表层或更深层的底床内部,从而在一定的深度范围内改变了底床泥沙的性质和动力行为。因此,当水动力作用较强时,表层泥沙起动,次表层或更深层的泥沙暴露在强水流条件下,而此时生物稳

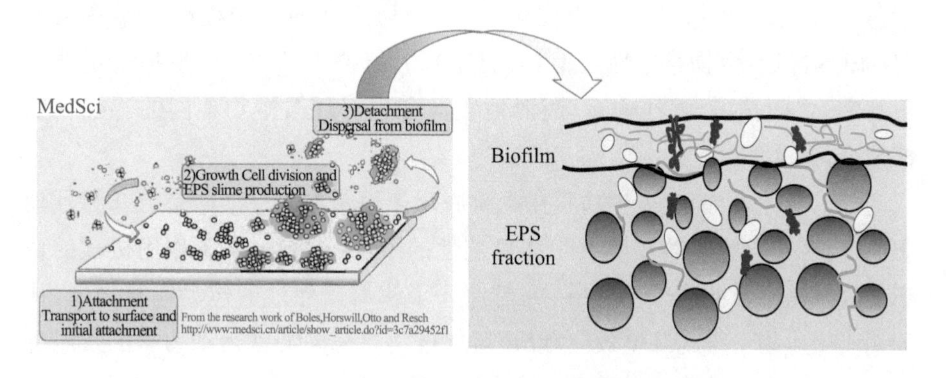

图1.4 EPS网状结构在泥沙底床的垂向延伸

定性可能继续发挥其效应，继而影响着整个泥沙冲刷及输运过程。因而，EPS在底床内部的垂向分布对底床的整体稳定性可能存在更深远的影响，在潮滩的地貌演变中也将发挥着更为重要的作用。

由于对潮滩泥沙的生物稳定性研究的起步较晚，潮滩底沙中生物膜分布的野外观测数据十分匮乏。而目前针对生物膜的研究主要集中在其对污染物的吸附、水体净化功能，对河流水生态的修复作用，以及在物质循环中的贡献等方面。相关的水槽实验大多使用不可入或低渗透性的基底（如有机玻璃等），在淡水环境下培养生物膜。与不可入基底相比，海岸泥沙底床多孔介质的渗透特性可能为生物膜的生长、EPS垂向网状结构的形成提供了更有利的附着条件，且海水环境中的离子含量高，与淡水条件相比，产生的生物稳定性效应也可能有很大的不同。此外，研究微生物EPS对泥沙特性影响的水槽实验，大多使用EPS替代物（如黄原胶）代替天然微生物产生的胞外聚合物，因而不能真实反映在生物膜的生长过程中，EPS在泥沙内部形成的垂向分布情况及其对底床整体稳定性的影响。在潮滩系统中，生物效应也常常会随着环境的变化而发生显著的改变。最常见的是由于不同微生物群落（细菌、底栖微藻等）由于季节性变化而产生的增长和衰减。而不同种类生物膜（单一菌种和菌藻共生体系）形成的生物稳定性的差别以及各自的贡献也并不相同。前人研究中，针对潮滩生物稳定性的研究大多关注藻类生物膜的贡献，而潮滩上细菌大量存在，较微藻而言，表现出更强的环境适应能力和定殖能力，其在底床上的作用深度也可能较藻类生物膜更广。此外，在风暴潮或大潮期间，生物泥沙系统在极端水动力条件下被破坏，随后可能在小潮期间重建，生物膜再次形成，EPS在底床的分布也可能随之恢复到扰动之前的状态。因此，在海岸环境动力变化下，生物稳定性的影响程度常常在由弱（低EPS含量，生物稳定性近似，可忽略）到强（高EPS含量，生物稳定性不可忽略）之间转换，泥沙输运、潮滩地貌演变也将随微生物不同的影响程度而改变。

综上所述，目前有关生物膜在潮滩底床表面及次表层的时空分布特征尚不明确，对于自然潮滩环境下生物稳定性的形成、影响因素及作用机理的认识尚为深入。因此，开展相关研究对深入了解海岸泥沙的运动输移规律，认识潮滩微生物系统的环境效应，以及对促进河口海岸泥沙运动力学的发展都具有重要的理论价值和学科意义。

2

第 2 章
单周期菌类生物膜对泥沙的稳定性影响

关于生物稳定性的研究起步较晚,已有研究大多集中在生物膜对泥沙的表层保护作用上,即反映有无生物膜覆盖的底床在水动力冲刷下临界起动剪切应力的改变。大量现场观测、室内实验表明,泥沙的起动切应力随着表层附着生物膜中 EPS 浓度的增加而提高。然而,潮滩中泥沙的生物稳定性并非局限于生物膜的表面保护作用。泥沙底床具有可渗透、营养物含量高等特征,当其作为生物膜的生长载体时,为微生物的附着提供了更有利的微环境。近年来的研究成果表明,由于泥沙具有多空介质的特性,生物膜可在泥沙孔隙间形成垂向网状结构,表明生物膜可能具有"渗透"进入底床更深层的能力。生物膜沿底床深度方向的形成将对次表层泥沙的侵蚀速率产生持续的抑制作用,进一步降低水体中的悬沙浓度,继而对泥沙的输运产生重要影响。

在潮滩系统中,微生物效应的强弱是随时空变化的,底沙中 EPS 的含量并非恒定值。极端气候条件可能导致潮滩底床中 EPS 含量在一次风暴潮过程中大幅衰减,而当水动力条件重新恢复到适宜生物膜生长的范围后,生物泥沙系统将重新建立。因此,在复杂动力条件的海岸环境下,潮滩泥沙受生物稳定性的影响程度往往随着 EPS 含量的变化在由弱(低 EPS 含量,生物稳定性近似可忽略)到强(高 EPS 含量,生物稳定性不可忽略)之间不断转换,泥沙输运、潮滩地貌演变也将随微生物不同的影响程度而改变。

此外,目前的研究常将生物稳定性这一由生物膜产生的对潮滩泥沙的重要生态功能,归因于底栖微藻分泌的 EPS 产生的生物黏性,而普遍存在于地球沉积环境中异养菌的贡献在很大程度上被忽视。研究表明,菌类在地球上所有的沉积环境中的广泛分布可追溯到 43 亿年前。潮滩上细菌的大量存在,可能表现出其更强的环境适应能力和定殖能力，其在底床上的作用深度也可能较藻类生物膜更广。

综上所述，本章的研究目标是通过跟踪单一菌种在非黏性泥沙底床的表面及内部的生长过程，刻画 EPS 垂向累积的特征，揭示盐水环境下处于不同生长阶段的生物膜对泥沙颗粒微观结构的重塑，以及对底床整体稳定性的影响。

2.1 实验原理

笔者通过在经过化学处理后除去生物作用的非黏性泥沙底床上培养生物膜，分析培养不同天数下形成的生物泥沙中 EPS 含量、颗粒微观形貌以及冲刷特性的变化。根据这一思路，笔者自主研发了一套室内实验装置，用以进行平行实验，培养不同生长天数的生物泥沙，并进行冲刷的原位观测。该装置可较精确地控制施加在底床的水流切应力，提供生物泥沙形成的生长条件；准确测量不同剪切力作用下水体中的悬沙浓度，提供生物泥沙的冲刷数据。通过一系列平行实验，再现单一菌种培养下生物泥沙的形成过程，以及处于不同生长期的生物泥沙的侵蚀特性的改变。

2.1.1 实验思路与原理

本实验旨在阐明的研究问题具体如下：(1)EPS 在底床上的影响深度有多少？(2)EPS 是如何影响泥沙稳定性的？(3)形成生物泥沙后，其冲刷过程如何改变，是否与 EPS 的垂向分布特征相关？为了解答这些问题，本章通过室内实验，从亚微观尺度量化了生物膜影响下泥沙稳定性和冲刷过程的时空变化，具体研究思路如下：

将江苏地区潮滩取回的现场沙经物理、化学处理后，去除其中的生物作用得到非黏性“干净沙”，在“干净沙”底床上进行枯草芽孢杆菌生物膜的培养，各组次的培养天数不同，分别为 5 天、10 天、16 天和 22 天。枯草芽孢杆菌常见于潮滩环境中，对盐水环境的适应能力强。在培养过程中，对底沙分层取样，并通过化学提取、电镜扫描等一系列物理、化学、生物的分析方法，得到不同培养天数下形成的生物泥沙中 EPS 浓度水平及其沿底床深度方向的变化特征、生物膜黏附后泥沙颗粒微观形貌特征的变化。培养完成后，在不同实验组次的底床上形成不同生长水平的生物膜，原位进行梯级冲刷实验，得到不同的冲刷曲线，并与“干净沙”的冲刷曲线进行比较，通过对比得到不同培养时间下菌类生物膜对泥沙冲刷的影响程度的差别。

2.1.2 装置与观测设备

（1）生物泥沙培养与冲刷起动装置

实验室水槽是广泛应用于国内外的一种研究天然泥沙动力特性的方法。由于野外环境的复杂性与不可控性，通过野外观测手段对泥沙动力特性开展系统性的研究比较困难。在实验室条件下，可通过对多个环境因素的控制，设计不同的实验组次。而针对泥沙冲刷起动特性的实验室研究，大多在长直水槽和环形水槽中进行。长直水槽进水段、稳流段、出水段所需距离较长，空间占用大，可利用的实验段仅为装置总长的 1/10，所需实验水量大，需要设回水系统和消能设施。长直水槽中的流速调节通常通过调节进出水口流量以提供不同流速，需要缓慢、逐步调节以获得固定的流速值，调节过程耗时长，且流速值不稳定，随流量变化而上下波动。此外，在普通的直水槽中只能通过肉眼观察得到泥沙的起动流速，也无法得到泥沙随床面深度变化的冲刷率曲线。相对于直水槽而言，环形水槽无流入口和流出口的影响，全周长均为实验段，提供无限长的水流流动距离。水流沿程均匀，通过调节水槽转速可获得精确的对应流速值，控制流速大小操作简便。虽然环形水槽的设计克服了普通长直水槽的缺点，但需剪力环与环形槽同时反转以削弱横向流，制造时需要克服偏心的问题，造价较高。

综上所述，研究泥沙起动的传统水槽均有空间占用大、需水量高、造价高的特点。本研究涉及泥沙底床上的生物膜培养，传统水槽无法满足实验中需精确控制微生物生长的环境条件的要求，例如温度、光照、营养物浓度等。且传统水槽造价高，很难满足多个水槽同时进行平行实验的要求。因此，需考虑设计一种新型的室内泥沙冲刷起动测量装置，同时具备体积小、便于携带、适用性强的特征，以提高实验的可操作性。

本研究自主研发了一套可用于室内生物膜培养以及泥沙起动冲刷原位观测的监测系统，如图 2.1 所示。该装置包括相互连接的控制端和测量端。其中，测量端包括呈筒状结构的反应器（图 2.2）以及位于反应器内的剖面流速仪（Vectrino Profiler）和浊度传感器（OBS 3＋），分别与控制端连接。传动装置包括可无级调速的齿轮减速电机、连接柱和转桨，可调节转桨的转速为0～200 rpm，电机与转桨通过连接柱传动连接，反应器顶部设有盖板，电机固定在盖板上。反应器的两侧壁上分别设有进水阀和出水阀。反应器底部中心设有隔离槽，中心隔离槽部分由环状有机玻璃隔离槽和配套的圆形有机玻璃槽盖组成。中心隔离槽的设置可削弱转桨产生的漩涡对底床中心区域产生的影响。如图 2.3 所示，FLUENT 数值模拟结果表明，环形区域边界以外，沿径向切应力近似均匀分布。因此，可以用床面上某一点的水流切应力代替整个环形床面上所受的切应力。

测量系统中，剖面流速仪（Vectrino Profiler）实时监测任一转速下近底 3 cm范围内的垂向剖面三维流速，换算得到底部切应力。OBS 3＋浊度仪用于泥沙冲刷时，泥沙起动、悬浮至水体中后，水体中某一断面处的平均悬沙浓度 SSC（Suspended Sediment Concentration）。

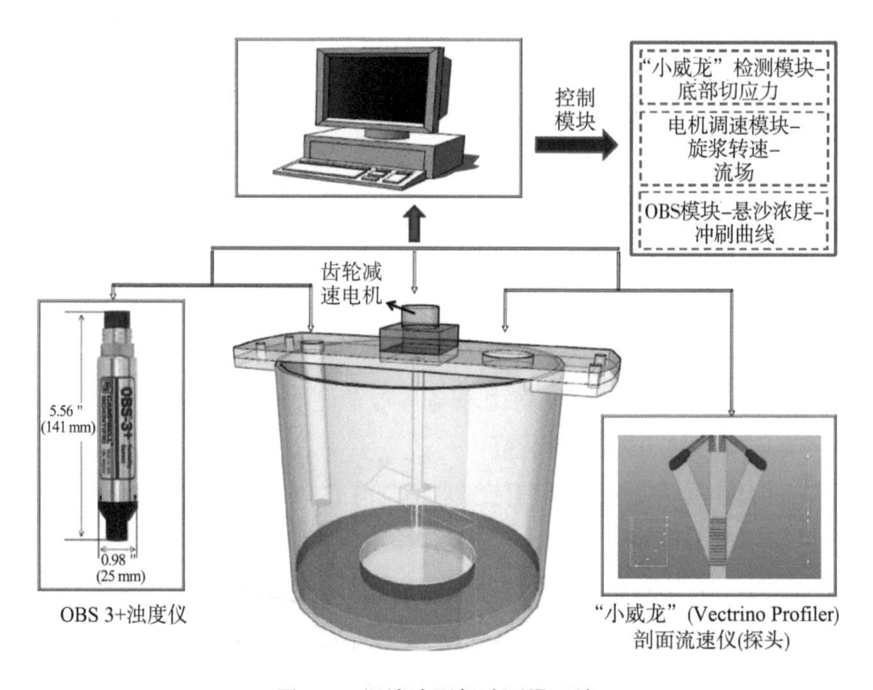

图 2.1　泥沙冲刷起动测量系统

（2）小威龙剖面流速仪

本章实验中近底流速测量采用 Nortek 公司生产的剖面流速仪“小威龙”（Vectrino Profiler，如图 2.4 所示）超越了传统声学多普勒点式流速仪，实现了实验室和现场的高分辨率剖面流速测量。传统的仪器进行近底测量时，当

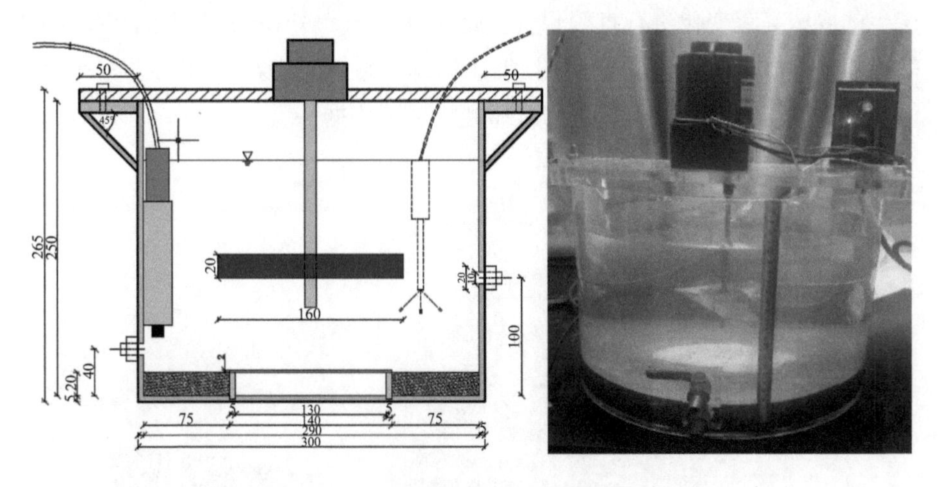

图 2.2 生物膜培养及泥沙冲刷起动反应器

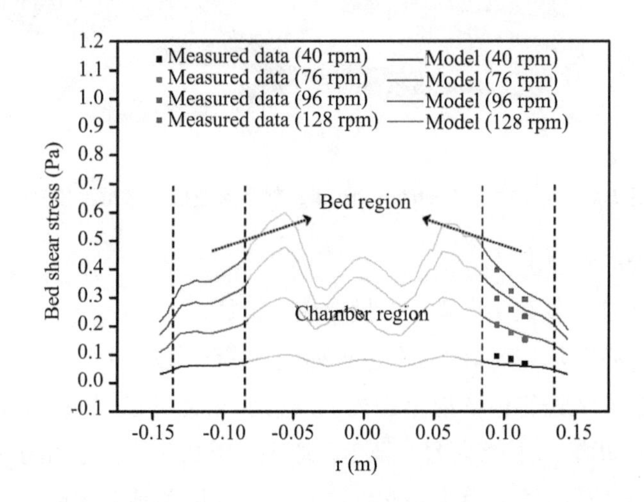

图 2.3 底部切应力沿径向分布的实测数据及 FLUENT 模拟结果

测量近边界流场时脉冲相干剖面易受脉冲干扰，而 Vectrino Profiler 能够监测反射回来的声波，确定干扰区域，在数据采集开始的时候进行一次自适应检测，降低干扰，提高了数据质量，因而非常适合于边界层的测量。Vectrino Profiler 能够提供三维流速观测，能以 1 mm 层厚测量 30 mm 范围内的剖面流速，测量范围从距离中央换能器 40 mm 处开始，测量精度为测量值的±0.5% ±1 mm · s^{-1}。100 Hz 的采样输出频率为实现水流中流态结构的可视化提供了可能，并能够提供详细的数据以供进一步的分析。Vectrino Profiler 还能以 10 Hz 的频率测量探头距离底部的距离，因此，可以对观测点处由于冲淤变化产生的底床高程变化进行直接测量。此外，Vectrino Profiler 强大的数据采集软件能够实时显示流速的剖面图、流速的标准偏差、信噪比、相关系数等，为测量过程中快速判断测量数据的可靠性提供了依据。

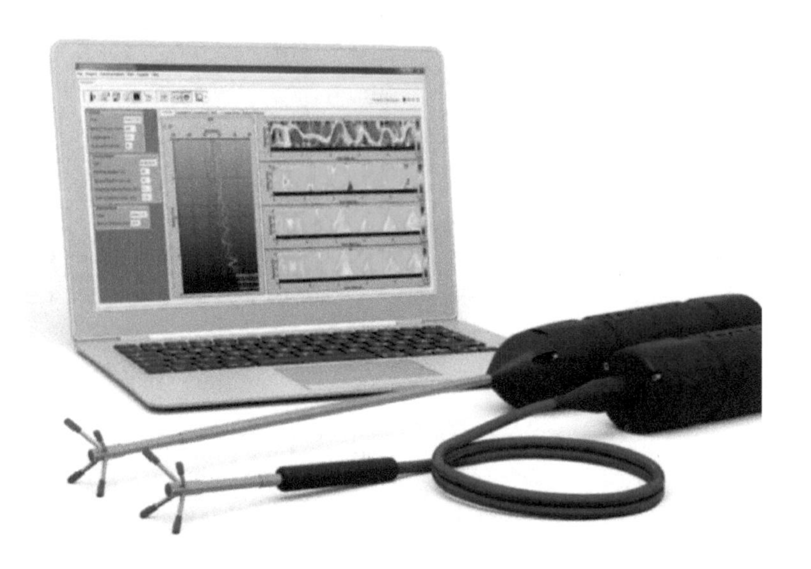

图 2.4 "小威龙"(Vectrino Profiler)剖面流速仪及数据采集软件

(3) OBS 3+浊度计

OBS 3+浊度仪采用光学后向散射浊度计(Optical Back Scattering，简称OBS)的工作原理，对水体的浊度进行监测，进而反映水中悬沙浓度的变化。OBS 通过接收 42°圆锥体辐射范围内的红外辐射光的散射量，实现监测水体浊度的目的(OBS 3+的实际尺寸及工作原理如图 2.5 所示)。由于 OBS 3+获取的数据为电信号(显示为 4.0～20.0 mA 的电流值或者 0～5.0 V 的电压值)，因此，需采用相关分析的方法对 OBS 3+进行率定，建立直接测得的电信号与水体悬沙浓度的相关关系，将电信号值(～mA 或～V)转化成悬沙浓度值(～$kg \cdot m^{-3}$)。需特别注意的是，OBS 3+率定及测量悬沙浓度时的测量精度受多种因素的影响，主要有悬沙的粒径大小、浓度、颜色等。此外，还受水体中微生物含量、水体颜色、气泡含量、有机质含量等影响。当以上因素在观测过程中产生较大改变时，会直接影响浊度值和泥沙浓度的关系曲线，此时应当重新率定，以得到准确的相关关系。

(4) EPS 提取及组分分析主要设备

本章实验 EPS 提取涉及的主要设备有高速冷冻离心机、气浴恒温振荡

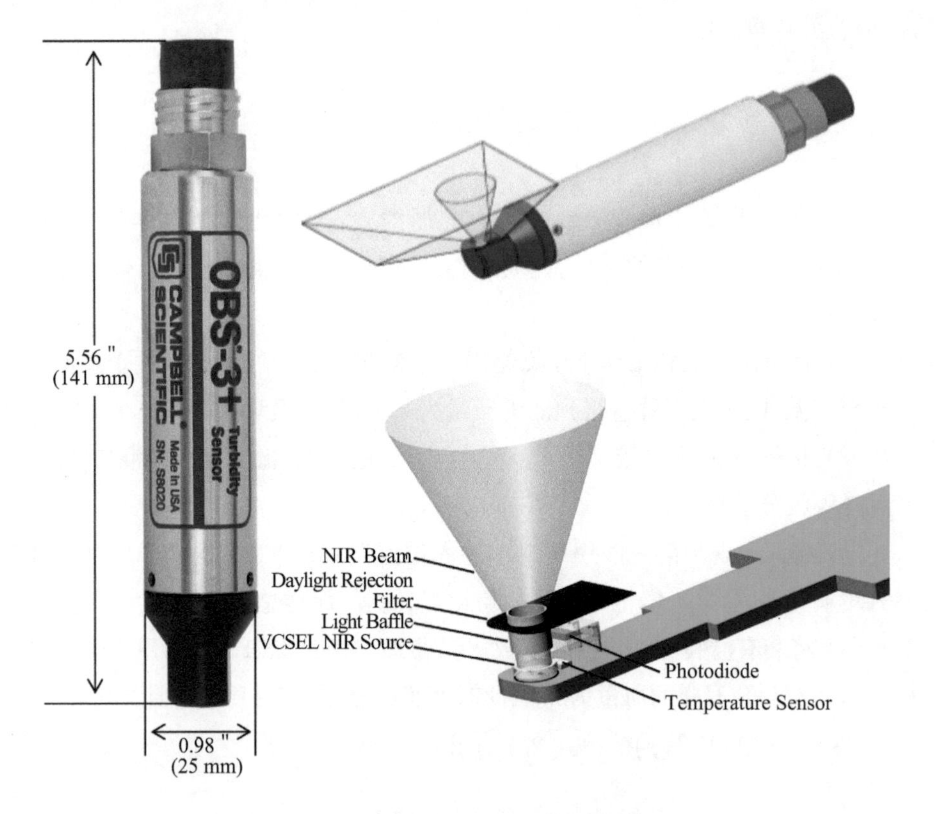

图 2.5　OBS 3+浊度计及其工作原理

器、抽滤装置，EPS 成分分析涉及的主要设备有可见光分光光度计。此外还有一些辅助仪器，如鼓风干燥箱、马弗炉、电子天平、液枪、振动混匀器等。

2.2　实验方法

本章节将从生物泥沙样品中 EPS 的提取分析、生物泥沙微观形貌的获取及生物泥沙冲刷特性的监测三个方面介绍本章室内实验所采取的主要研究方法。生物泥沙样品 EPS 的提取分析采用化学方法，提取泥沙底床不同深度、不同类型的 EPS，并测得其中主要成分多糖和蛋白的浓度，以表征 EPS 浓度。生物泥沙的微观形貌通过扫描电镜获得。生物泥沙的冲刷与监测在自主研发的便携式装置中进行，采用 Vectrino Profiler 获得不同转速下的底部切应力；生物泥沙的冲刷采用梯级冲刷的方式，利用 OBS 3+监测随冲刷时间、冲刷切应力的增加，装置中悬沙浓度的变化，得到不同生物泥沙对应的冲刷曲线，并计算冲刷率。

2.2.1 生物量及 EPS 的提取分析

测定单位干重（Dry Weight，DW）的泥沙中，挥发性悬浮固体（Volatile Suspended Solid，VSS）的含量，代表生物泥沙样品中的生物量。具体测定方法如下：

(1) 将所需滤纸和坩埚于干燥箱中 105 ℃烘 1～2 h 至恒重，置干燥器中冷却至室温，电子天平称量得到滤纸质量为 m_{01}，坩埚质量为 m_{02}；

(2) 取～3 mL 泥样于 10 mL 离心管中，加超纯水，振动混匀器混匀 30 s，使泥样颗粒分散悬浮；

(3) 将离心管中的泥沙用超纯水冲入过滤器中过滤，将滤膜与剩余固体移入坩埚，105 ℃烘 8 h，电子天平称得坩埚、滤膜、泥样总重为 m_1；

(4) 将装有滤膜和泥样的坩埚放入马弗炉，600 ℃烧 1～2 h，用电子天平称得坩埚与剩余泥样的质量为 m_2（此时滤膜已燃尽，灰烬质量不计）。

VSS（g·gDW^{-1}）的值由式 2.1 计算得：

$$VSS = \frac{m_1 - m_2 - m_{01}}{m_2} \tag{2.1}$$

由章节 1.2.2 可知，根据 EPS 与细胞结合的紧密程度，位于内层具有一定外形，与细胞表面结合较紧密的为紧密连接型 EPS（Tightly-bound EPS，TB-EPS）；位于外层无明显边缘、疏松的，可向周围环境扩散的黏液层为松散连接型 EPS（Loosely-bound EPS，LB-EPS）。本章研究中，在进行 EPS 提取时，先通过离心的方法将 Colloidal EPS 和 Bound EPS 分开后，再采用阳离子交换树脂法（Cation Exchange Resin，CER），继续分离、提取出泥样中的 LB-EPS 和 TB-EPS 成分。具体操作方法如下：

(1) 取～3 mL 新鲜泥样置于 50 mL 离心管，加超纯水至 30 mL，于振荡混匀器混匀 30 s，使泥样悬浮。将固液悬浮物于 4 ℃下离心（3，000 g 15 min）后，取出上层液再次离心（13，000 g，15 min，4 ℃）以完全去除固体悬浮物。二次离心后得到的上清液即为 Colloidal EPS 溶液，－20 ℃冷冻保存，以用于后续 EPS 含量及组分的测定。

(2) 将(1)中第一次离心后得到的底层泥样用超纯水再次悬浮至 30 mL，

混合液中加入 0.18 mL 浓度为 30%甲酰胺溶液，用于保护细胞内聚合物不在后续的操作中被提取出。将样品置于气浴恒温振荡器中，在 25 ℃下，以转速 150 rpm 摇床 1 h，后静置 10 min。用液枪取出上层液，于 4℃ 下离心(5，000 g 15 min)后，立即取出上层液通过孔径为 0.45 μm 的醋酸纤维滤膜(抽滤)，以去除上层液中的悬浮颗粒。得到的溶液即为 LB-EPS，−20 ℃冷冻保存，以用于后续 EPS 含量及组分的测定。

(3)将(2)中摇床后得到的底层泥样用磷酸盐缓冲溶液(2.0 mmol·L^{-1} Na_3PO_4，4.0 mmol·L^{-1} NaH_2PO_4，9.0 mmol·L^{-1} NaCl，1.0 mmol·L^{-1} KCl)悬浮至 30 mL。在悬浮液中加入～1.0 g 的 Na^+ 型阳离子交换树脂，25 ℃下于气浴恒温振荡器中 150 rmp 摇床 1 h，静置 10 min，液枪取上层液，于 4 ℃、10，000 g 下离心 15 min(高速离心前，需用电子天平对各个装有样品的离心管进行配平)。离心后立即将上层液通过 0.45 μm 醋酸纤维滤膜过滤，得到的溶液即为 TB-EPS，−20 ℃冷冻保存，以用于后续 EPS 含量及组分的测定。

泥样中提取出的分层 EPS 溶液(即 Colloidal EPS、LB-EPS 和 TB-EPS)均主要由多糖和蛋白组成。本章实验对 EPS 溶液中的多糖和蛋白的含量分别进行测定分析。冷冻保存的各 EPS 溶液于室温下解冻后，其组分中多糖的测定采用蒽酮试剂法，标线以葡萄糖为标样；蛋白的测定采用改进的 Lowry 法，以卵清蛋白为标样。具体操作步骤如下：

(1) 多糖的测定(蒽酮试剂法)

① 试剂制备：

蒽酮试剂：将 0.20 g 蒽酮溶入 100 mL 95%的浓硫酸中，混匀，于 4 ℃冰箱保存，现用现配。

② 测试方法：

取 2 mL EPS 溶液于玻璃比色管中，加入 5 mL 蒽酮试剂，混匀，水浴煮沸 10 min，取出冷却至室温。用可见光分光光度计在 620 nm 处测定其吸光度，根据标准曲线计算样品溶液中多糖的浓度，其单位用每克干重泥沙(Dry Weight，DW)中所含的等量的葡糖糖微克数表示，即 μg·gDW^{-1}。

(2)蛋白的测定(改进的 Lowry 法)

① 试剂制备：

$NaOH$-Na_2CO_3试剂，准确配制氢氧化钠(143.0 mmol·L^{-1})和碳酸钠(270.0 mmol·L^{-1})的混合溶液；$CuSO_4$溶液(57.0 mmol·L^{-1})；酒石酸钾钠

溶液(124.0 mmol · L^{-1})。

Folin 酚试剂:在 2 L 磨口回流装置内加二水合钨酸钠 100 g,二水合钼酸钠 25 g,超纯水 700 mL,14.68 mol · L^{-1}磷酸(85%)50 mL,浓盐酸 100 mL,充分混合后用小火回流 10 h。冷却后,再加硫酸锂 150 g,超纯水 5 mL,液溴数滴,开口沸腾 15 min,以去除过量溴。冷却后用超纯水定容至 1,000 mL,过滤(0.45 μm 醋酸纤维滤膜),滤液为淡黄色,置于棕色瓶中,可在冰箱内长期保存。若滤液变绿,可加液溴几滴,煮沸数分钟至溶液恢复淡黄色即可。试剂使用前,用标准氢氧化钠溶液滴定,以酚酞为指示剂,标定试剂酸度,使用时适当稀释(约 1 倍),使最终酸浓度为 1 mol · L^{-1}。置于冰箱中长期保存。

② 测试方法:

取 EPS 样品溶液 2.5 mL 于玻璃比色皿中,加入 3.5 mL $NaOH\text{-}Na_2CO_3$ 溶液、$CuSO_4$ 溶液、酒石酸钠溶液的混合液(体积比为 100 : 1 : 1),加入 0.5 mL Folin 酚试剂(1 mol · L^{-1}),混匀后于室温下静置 45 min,用可见光分光光度计在 750 nm 处测定其吸光度 A_{CuSO_4}。

取 EPS 样品溶液 2.5 mL 于玻璃比色皿中,加入 3.5 mL $NaOH\text{-}Na_2CO_3$ 溶液、去离子水、酒石酸钾钠溶液的混合液(体积比 100 : 1 : 1)、0.5 mL Fulin 酚试剂,混匀,室温下静置 45 min,用可见光分光光度计在 750 nm 处测定其吸光度 A_{H_2O}。

EPS 蛋白浓度计算公式如下:

$$C_{protein} = 1.25A_{CuSO_4} - 1.25A_{H_2O} \tag{2.2}$$

根据标准曲线计算样品溶液中蛋白的浓度,其单位用每克干重泥沙(Dry Weight,DW)中所含的等量的卵清蛋白微克数表示,即 μg · gDW^{-1}。

2.2.2 SEM 分析

扫描电子显微镜是生命科学研究领域内应用广泛的电镜之一,是形态学研究工作中的重要手段,广泛应用于生物学、医学、微生物学及材料学领域等对样品表面微观形态与结构的研究。

本章涉及的生物泥沙微观颗粒形貌的扫描电镜分析(Scanning Electron Microscope,SEM)采用南京农业大学电镜室的扫描电镜(型号:HITACHI

S－3,000 N，25 kV)，对泥沙上附着生物膜后的微观形貌进行直观的表征。S－3,000 N可变压力扫描电子显微镜由日本HITACHI公司生产，并配有X射线能谱。其基本参数如下：25 kV加速电压下，二次电子图像分辨率为3.0 nm，背散射电子图像分辨率4.5 nm，放大倍数范围为20×～500,000×，样品台为五轴马达驱动，生成数码图像像素为1,280×960。

生物样品种类很多，其主要特点为含水量大，失水容易收缩、变形，因此对样品的制备需尽可能地达到客观、真实。样品的制备技术主要有化学制样和物理制样两大类。本章研究涉及的SEM分析前的样品制备方法均采用化学制样法。化学制样法对绝大多数生物样品都适用，特别是含水量大的生物样品，主要操作步骤为：取材、清洗、固定、清洗、脱水、置换、干燥、黏样、镀膜、镜检。由于扫描电镜观察的是样品表面形态，故样品表面的清洗尤为重要。常用的清洗液有双蒸水、生理盐水、含酶的清洗液、各种缓冲液、有机溶液等。样品干燥完全后，对生物泥沙样品进行喷金，在5～10 kV下进行扫描电镜分析。

2.2.3 冲刷与监测

泥沙冲刷起动测量系统的工作原理如下：

冲刷实验前，安装Vectrino Profiler剖面流速仪，测量各电机转速下的外环中轴线处某一点的近底切应力，如图2.6装置底部切应力的测量所示。率定时，根据实际需要选择若干级转速值，得到高频三维流速值，底部切应力τ_0通过计算紊动动能(Turbulent Kinetic Energy，TKE)的方法得到。计算公式如下：

$$TKE = \frac{1}{2}\rho(\overline{u'^2} + \overline{v'^2} + \overline{w'^2}) \tag{2.3}$$

$$\tau_0 = C_1 \cdot TKE \tag{2.4}$$

其中，u'，v'，w'为剖面流速仪测得的一段时间序列中某一时刻的三维脉动流速，ρ为水体密度，C_1为比例常数，取为0.19。装置不同转速下对应的中心隔离槽外环区域中轴线处的近底流速与由TKE方法计算得到的底部切应力值如图2.7所示。

进行冲刷实验前，拆除剖面流速仪，安装OBS 3＋浊度传感器，实时监测

图 2.6　装置底部切应力的测量

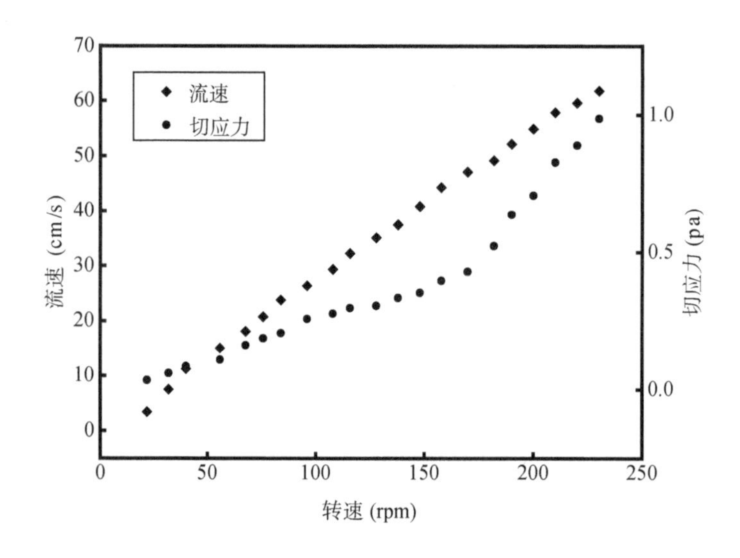

图 2.7　不同转速下近底外环中轴线处流速值及底部切应力值

水体中悬沙浓度。通过逐级调节转桨转速，增加床面切应力至泥沙起动，观察到测控系统中 OBS 3＋浊度传感器模块示数突然升高，表示此时水体中悬沙浓度有较明显的增加，对应的水流切应力即为泥沙起动切应力。继续增加转桨转速，悬沙浓度继续增加，每一级转持续时间根据实际情况而定，可同时观察 OBS 3＋浊度传感器示数，当示数稳定后维持一段时间，再继续增加至下一级转速，由此可得到梯级切应力作用下的冲刷率曲线。该过程中，OBS 3＋

的测量值为电流或电压值，需对其获取的浊度数据进行精确标定，才可得到悬沙浓度值。不同粒径的泥沙对 OBS 3＋的标定结果影响较大，因此，将 OBS 3＋的电信号转换为悬沙浓度时，使用与实验泥沙相同的沙样，采用室内标定法。在反应器中加入已知体积的清水，准备多组已知质量的烘干沙样，并依次加入，可计算得到每次加沙后水体中的累积悬沙浓度值。每次加沙后，调节转桨转速使水体中的泥沙充分悬浮，稳定 30 s 后，连续记录 20 个 OBS 3＋的电流(或电压)值，取平均后即为该悬沙浓度下对应的浊度值。得到多组悬沙浓度与对应的浊度值后，用回归分析法进行相关分析，得到标定曲线。

2.3　实验步骤

本章节将对泥沙样品的处理、生物泥沙培养过程中营养液的配置、生物泥沙的培养步骤、培养过程中底床泥沙的分层采样以及冲刷观测等方面进行介绍。正式培养实验前，需对从江苏潮滩现场采回的泥沙进行筛分、化学洗涤等处理，泥沙样品处理的目的为去除现场沙中的黏性成分，包括物理黏性和生物黏性。处理后的泥沙置于培养装置中，经过培养操作，不同培养天数的单一菌种生物膜在含有营养物的人工海水中逐渐在泥沙底床上形成，另一组平行实验用于进行培养过程中底床生物泥沙的分层采样，以进行 EPS 提取分析和扫描电镜分析。培养结束后，在不扰动底床生物泥沙的前提下，对不同培养天数下形成的生物泥沙进行冲刷观测。

2.3.1　泥沙样品处理

本章实验所用泥沙均采于江苏潮滩观测站点中位于潮下带。现场取回沙样的粒径分布图如图 2.8 所示。由于从潮滩现场取回的底沙中包含黏性细颗粒成分、碎小石子、贝壳类等杂质，在进行生物泥沙培养之前需对沙样进行处理，以得到不考虑理化黏性、去除天然泥沙本身含有的生物黏性的“干净沙”，作为各组生物泥沙培养的初始状态。首先，将取回沙样中的黏性细颗粒成分筛去，以研究非黏性泥沙上生物黏性的影响。最初考虑传统振筛法进行筛分，处理步骤如下：

(1) 将沙样放入烘箱中 105 ℃烘干 12 h 至恒重，由于其中含有细颗粒成分，烘干的沙样部分呈固结团块状；

(2) 将固结体捣碎，过 300 μm 筛子，以去除碎小石子、较粗颗粒泥沙、贝壳类碎片等杂质；

(3) 再将沙样过 30 μm 筛子，取 30 μm 筛上留下的沙样，即得到去除黏性细颗粒成分的沙样。

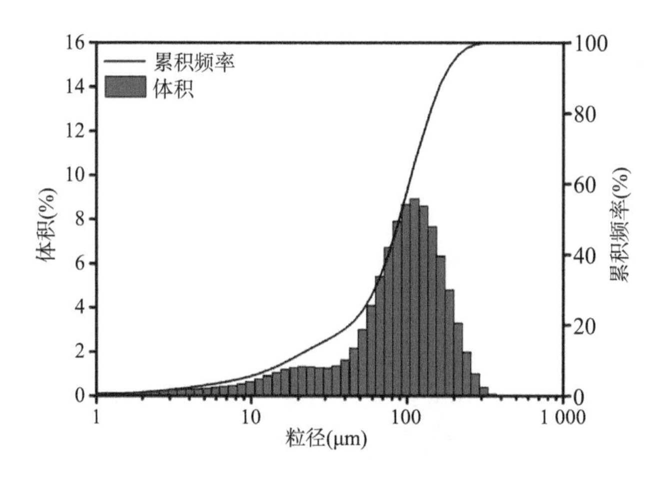

图 2.8　潮滩现场取沙原状沙粒径分布

由于本章实验设计若干组平行实验，因此所需实验沙量较大，用传统的振筛法进行处理耗时耗力，且细颗粒在烘干后黏结成块，进行捣碎处理时不能完全破坏以分离细颗粒之间较强的黏结，导致经过振筛法处理后的泥沙中仍含有较多的细颗粒组分。如图 2.9 所示，通过一次振筛法筛分后的泥沙粒

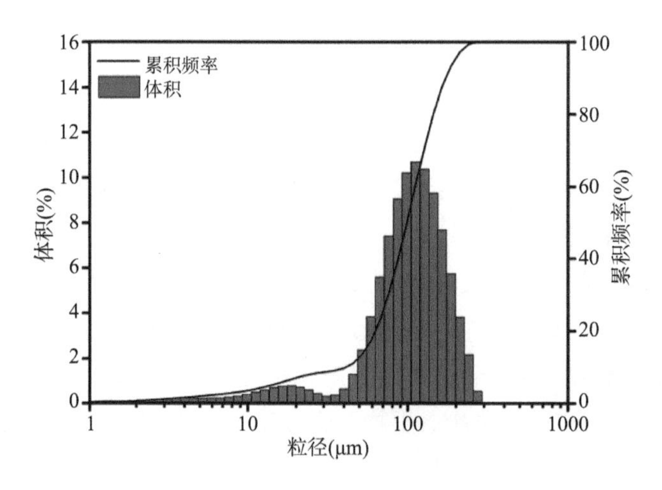

图 2.9　振筛法筛分后沙样的粒径分布图

径级配图表明，其中仍含有10%左右的细颗粒成分(即<30 μm的泥沙颗粒)。此外，细颗粒沙极易堵塞筛网，振筛过程中需要频繁更换纱网，时间和经济成本较高。

综合考虑以上因素，传统振筛法较难实现本实验对泥沙粒径的要求，因而改用洗沙法对原状沙进行处理，该方法利用不同粒径泥沙沉速不同的原理，达到筛分泥沙的目的。具体操作步骤如下：

(1) 取1.5倍实验所需沙量于50 L圆桶中。

(2) 加适量自来水，调节电机搅拌器转速至较高值，使泥沙完全悬浮，持续5 min后低速搅拌，非黏性悬浮泥沙在低转速下快速沉降。

(3) 低速搅拌2 min后，待非黏性悬沙基本沉降完全，大量细颗粒泥沙依然悬浮于水体中，水体浑浊，呈黄褐色，此时立刻排干含沙水体。

(4) 重复上述步骤(2)和(3)若干次(根据不同沙量而定，本实验进行了8～10次)，直至静置沉降后水体浑浊度明显降低，排干水体后，取底部泥沙进行粒径分析。

(5) 通过粒径分析结果检查洗沙后是否满足要求(即<30 μm的细颗粒泥沙含量小于1%)。若不满足要求，适当增大低速搅拌的转速，重复步骤(2)和(3)再次洗沙，直至沙样中的细颗粒泥沙含量符合要求。

通过洗沙法得到的沙样的粒径分布图如图2.10所示：

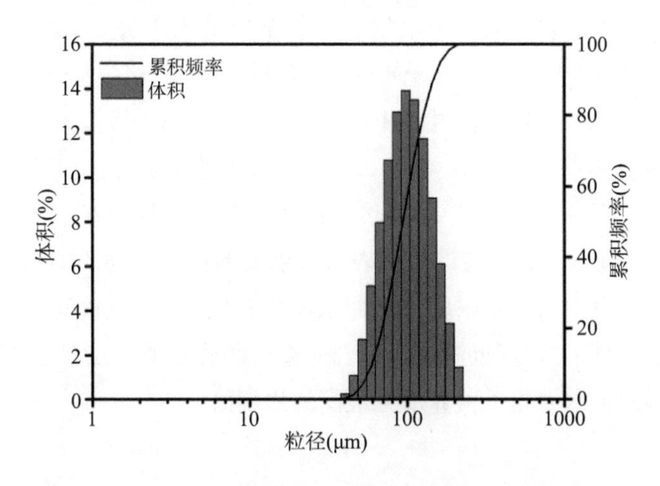

图2.10　洗沙法筛分后沙样的粒径分布图

由于天然状态下的泥沙颗粒受到环境中各种复杂的物理、化学、生物作用，表面常包裹有碳、氮、磷等有机质层，以及微生物生物膜，其微观形貌结构也呈现出较复杂的状态。若直接进行实验，由于其原始状态已受到了生物因素的干扰，将对实验结果产生影响。为对比生物膜对泥沙特性产生的影响，对筛分后得到的沙样进行化学清洗。具体操作步骤如下：

(1) 取适量沙样，加入 30%(V/V)过氧化氢溶液，用玻璃棒快速搅动至泥沙完全悬浮，搅动过程中产生大量黄褐色泡沫，并散发出刺鼻性气体(注：洗沙过程应在通风橱内进行)；

(2) 静置 10 min，将沙样用电炉文火加热，并不断搅动至不再产生泡沫，这表示加入的过氧化氢溶液已反应完全，倒去洗涤后含有大量泡沫的浑浊液；

(3) 按步骤(1)和(2)再次加入适量过氧化氢溶液后搅动，反复进行 3～5 次，直至不再产生泡沫，这表示沙样所含的有机质已去除；

(4) 用纯水反复清洗沙样，以去除残留的可溶性物质以及过氧化氢溶液。

按上述步骤进行化学清洗去除生物作用后得到的沙样为"干净沙"，将其置于烘箱中 105 ℃烘干至恒重。此时，由于沙样已经过筛分处理，烘干后不再发生团结成块的现象。将烘干后的沙样再过 300 μm 的筛子，以去除碎小石子等粗颗粒杂质，在干燥条件下保存，以备实验使用。

2.3.2 营养液的配置

芽孢杆菌生物膜在泥沙上的培养需在配置的人工海水(盐度为 23‰)中加入所需营养，配比如下：0.2 g·L^{-1}葡萄糖(0.3 g 葡萄糖 m^{-2}·day^{-1})，0.8 g·L^{-1} 醋酸钠(1.1 g 醋酸钠 m^{-2}·day^{-1})，0.05 g·L^{-1}胰蛋白胨(0.075 g 胰蛋白胨 m^{-2}·day^{-1})，0.05 g·L^{-1}酵母浸粉(0.075 g 酵母浸粉 m^{-2}·day^{-1})，其中以 g·L^{-1}为单位的值代表各营养物质在水体中的初始浓度，以 g m^{-2}·day^{-1}为单位的值代表每天添加的各营养物质的量。为了避免在培养过程中由于营养物浓度过低而限制生物膜生长，本章实验中所取各营养物浓度值均高于"江苏近海海洋综合调查与评价专项"(江苏 908 专项)现场调查中所得的各水域相关营养成分最高的浓度值。

2.3.3 培养操作及分层采样

生物泥沙底床是从非黏性泥沙发育而来的，将"干净沙"底床在含有特定营养物质、富含枯草芽孢杆菌菌落(每克水体中枯草芽孢杆菌的含量＞10^7

CFU,枯草芽孢杆菌菌粉由“广州市微元生物科技有限公司”提供)的人工海水(Artificial Sea Water,ASW)中培养,并加入磷酸盐缓冲溶液以稳定芽孢杆菌定殖过程的 pH 值(pH=7.5)。

生物泥沙的培养在自主研发的室内小尺度观测装置中进行(装置与观测设备详见章节 2.1.2)。采用 5 个相同的装置(编号 A～E)进行平行实验。生物泥沙培养的平行实验设置及装置如图 2.11 和图 2.12 所示。先将装置 A～E 底部外环区域内均铺满按照章节 2.3.1 中所述方法进行处理后的“干净沙”,底床高度为 20 mm。随后向各装置中缓慢、均速注入 ASW 至实验水位。装置 A～D 用于培养不同生长周期(5 天、10 天、16 天和 22 天)的生物泥沙底床,在装置 A～D 中加入章节 2.3.2 中所述配比的各营养物质。为限制微生物在水体中通过自聚集过程形成微生物絮团,在培养过程中采取换水的方法控制芽孢杆菌浮游聚集体的浓度,每隔 2～3 天换水总体积的 1/3,用新配置的培养液替换装置中原有水体,至相同实验水位。装置 A～D 中的生物泥沙培养完成后立即进行原位冲刷实验,得到冲刷曲线,生物泥沙的冲刷与监测方法详见章节 2.2.3。装置 E 作为控制组,用于培养过程中提取底床沙样,获得 30 天无干扰培养(即不进行冲刷实验)下形成的生物泥沙的各项指标,如 EPS 含量等。培养过程中每隔 3～5 天分层提取底沙样品一次。分层方法如图 2.13 所示,将 2 cm 厚的底床划分为 5 层,每层距离底床表面的距离分别为:0～0.2 cm,0.2～0.5 cm,0.5～0.8 cm,0.8～1.3 cm,1.3～1.8 cm。提取每一层的泥沙约 10 mL,将其中 1 mL 置于 10 mL 离心管中,缓慢加入去离子水,滴入戊二醛试剂,于冰箱 4 ℃保存,用于扫描电镜分析;将另 9 mL 泥样置于 50 mL 离心管中,立即对泥样中的生物量和 EPS 进行分析。泥沙样品中生物量及 EPS 的提取分析方法见章节 2.2.1。

本章室内培养过程中其他环境参数值的设置参照江苏海岸带近岸海域监测数据。生物泥沙的培养需适宜的水动力条件。本章实验采用恒定水动力条件培养,装置 A～E 在培养过程中,转桨固定为相同的恒定转速,该转速条件下装置的底部剪切应力对应值为 0.058 Pa。该切应力值在江苏潮滩各观测站点小潮期间的底部切应力变化范围内均可取得。同时,该切应力下的恒定水动力条件较利于生物膜的生长,且低于“干净沙”(极细砂)的临界起动切应力,避免在培养过程中出现底沙的悬浮,保证底床在培养过程中不被扰动。在培养期间,装置 A～E 中的水温均维持在 20±2 ℃。

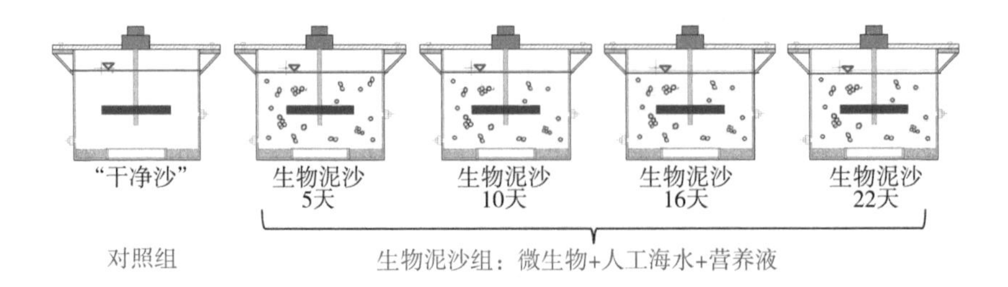

图 2.11　生物泥沙培养平行实验设置示意图

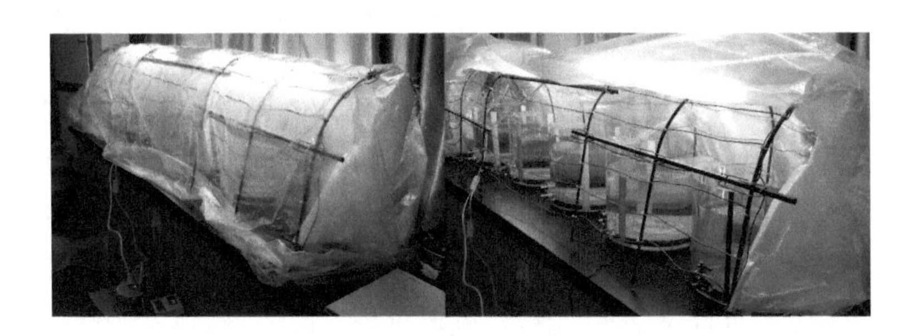

图 2.12　生物泥沙培养室内平行实验装置图

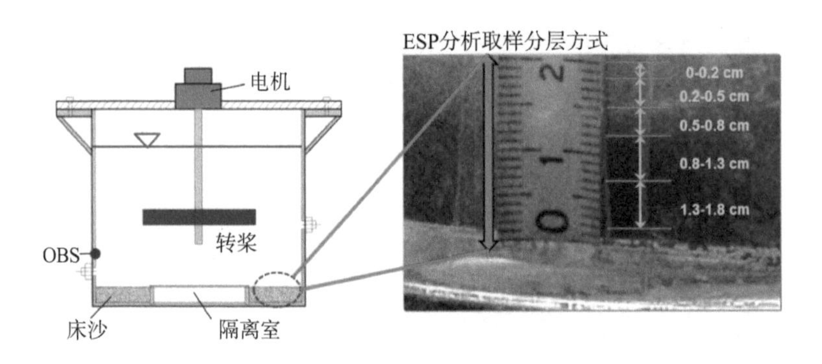

图 2.13　培养期底床生物泥沙分层取样

2.3.4　冲刷观测

在进行冲刷观测前，用实验沙率定 OBS 3+，将 OBS 3+的电流值按章节 2.2.3 所述的方法转换为悬沙浓度值(Suspended Sediment Concentration, SSC)，本章实验中 OBS 3+的率定结果如图 2.14 所示。图中，散点表示实测数据，可拟合为线性函数 $y_1(x)$和二次多项式函数 $y_2(x^2)$两函数分段叠加的形式，也可拟合为三次多项式连续函数 $y(x^3)$ 的形式。本实验采用后者的拟合方法对实验数据进行处理。生物泥沙培养结束后，立即在生物泥沙底床上进行原位冲刷实验。采取梯级冲刷方式，通过逐级增加转桨转速，形成梯级增加的底部切应力。每一级切应力的持续时长由本实验中“干净沙”的冲刷特性决定。进行冲刷实验时，拆除 Vectrino Profiler 剖面流速仪，安装 OBS 3＋浊度传感器，沙样铺设在底部中心隔离槽外的环形区域，并与隔离槽等高，操作方法如下：

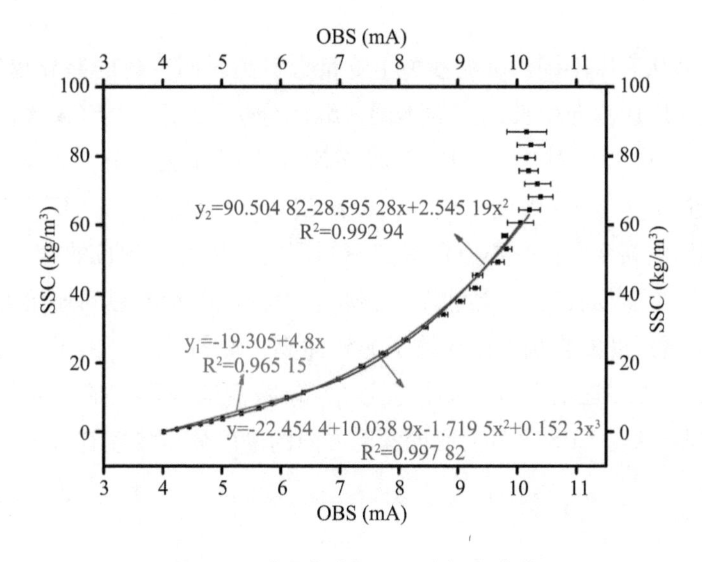

图 2.14 “干净沙”OBS 3＋标定曲线

（1）将转桨通过转桨连接柱连接于齿轮减速电机上，电机固定于盖板上，盖板固定于装置器圆筒顶端。

（2）将 OBS 3＋探头固定于盖板上，OBS 3＋浊度仪通过数据连接线连接计算机，启动高级测控系统实时显示 OBS 3＋浊度仪示数。

（3）关闭排水口（阀），打开进水口（阀），通过调节进水口（阀）开合度控制进水流速。进水初期，从系统外部以微小流量缓慢加水，防止底床受到扰动，当水位淹没进水口（阀）后，可逐步增加流量，直至水位达到实验水深。

（4）关闭进水口（阀），启动高级测控系统数据保存开始冲刷实验，通过调节齿轮减速电机转速，逐级增加转桨转速，增加床面切应力至泥沙起动，观察到高级测控系统中 OBS 3＋模块示数突然升高，表示此时水体中悬沙浓度有较明显增加，对应的水流切应力即为泥沙起动切应力。

（5）继续增加转桨转速，悬沙浓度继续增加，每一级转速持续时间根据实际情况而定,可同时观察高级测控系统 OBS 3+模块示数,当示数稳定后维持一段时间,再继续增加至下一级转速,直至实验设定的最大梯级切应力值对应的转速,将 OBS 3+测得的电流值通过之前的率定关系转换为悬沙浓度(SSC)值后,可得冲刷装置中悬沙浓度随着冲刷时间的变化散点图,即为实验泥沙的冲刷曲线图。

2.4 结果与分析

本章节从底床不同深度泥沙中生物量含量随时间变化的差异出发,发现了生物泥沙底床垂向生长模式的不同。继而分析了泥沙中 EPS 含量随培养时间的变化,进一步对比了 EPS 含量在床面表层和底层分布的异同,得到 EPS 在泥沙底床 2 cm 深度内的垂向分布剖面,以及生物泥沙不同生长阶段下垂向剖面的演变。由扫描电镜得到不同深度生物泥沙颗粒的微观形貌,直观呈现了附着生物膜后,非黏性泥沙颗粒表面特性以及颗粒间连接方式的改变,这种微观尺度的影响直接导致了泥沙冲刷特性的转变。由于生物黏性的作用,非黏性泥沙逐渐展现出黏性泥沙的特性,而这种影响随着冲刷深度的增加而减弱,这与 EPS 含量沿底床深度方向的剖面分布特性有着密不可分的关联。

2.4.1 生物泥沙形成过程

在不同的底床深度上,水动力和营养物交换条件均不相同,因而得到的生物量也有所不同。如图 2.15 所示,图中各散点表示实测的生物量,底沙中表层生物量随时间变化很大,随着培养时间的增加,呈现明显的增长趋势。生物膜的形成涉及微生物的多种生理学状态,生物膜的形成过程可按阶段划分为四个关键时期,即初始黏附期、快速增长期、成熟期和脱落期。在初始黏附期,水体中悬浮的芽孢杆菌在多种复杂的动力过程共同作用下,碰撞、滞留在底床表面,当滞留在载体表面时间足够长时,其完成初始黏附,并开始分泌 EPS,该阶段的附着生物量累计率低。在快速增长期,微生物细胞之间相互作用增加,并从外界环境中大量吸收营养物质用于自身生长合成,该阶段生物量迅速增长,生长率(图 2.15 中各曲线的斜率)不断增加至最大值,该最大值为微生物吸收营养物质的速率达到环境中营养物质最大迁移率时的曲线斜率。此后，生长率逐渐降低，生长变缓，但生物量仍有一定程度的累加，进入成熟期，该阶段细胞新陈代谢、EPS的分泌等加强了细胞间的相互作用，生物膜的三维类稳态结构逐渐形成，生物膜的成熟期将维持较长的一段时间。当成熟的生物膜进入自然老化阶段，或外界环境发生变化，不再能维持生物膜的稳定代谢时，进入脱落期，底床表面的生物膜分离、悬浮，重新进入水体。

自然水体中，微生物种群大多通过调节新陈代谢水平以适应生长环境，从而达到一个与外界环境相适应的、相对稳定的种群数。通常将这种生长方式用“Logistic”对数生长模型来刻画。该模型的表达形式如下：

$$\frac{\mathrm{d}X(t)}{\mathrm{d}t}=rX(t)\left(1-\frac{X(t)}{K}\right) \tag{2.4}$$

其中，$X(t)$ 表示 t 时刻的生物量，本实验采用 VSS 表示（详见章节2.2.1所述），K 表示所处的水体环境中营养物质的最大迁移率，r 表示细菌特殊生长率（SGR）的平均值。通过对式（2.4）进行积分，得到代表 t 时刻生物量 $X(t)$ 的表达式：

$$X(t)=\frac{K}{1+C\mathrm{e}^{-rt}} \tag{2.5}$$

其中，C 为常数，是曲线中的位置参数，改变 C 的值可在不改变曲线的形状下平移曲线；K 为反应环境中营养物的迁移能力，微生物的生长达到稳态时，$X(t)\approx K$。用式（3.11）的形式拟合实测数据并进行线性回归分析，可得到曲线对应的迁移能力 K，特殊生长率最大值 r 以及位置参数 C。环境条件不发生改变时，这三个参数值在生物膜生长过程中恒定不变。将式（2.5）对时间 t 求导，可得生长率 GR（Growth Rate）的表达式：

$$GR=\frac{\mathrm{d}X(t)}{\mathrm{d}t}=\frac{rKC\mathrm{e}^{-rt}}{(1+C\mathrm{e}^{-rt})^2} \tag{2.6}$$

类似的，特殊生长率SGR（Special Growth Rate）的表达式如下：

$$SGR=\frac{1}{X(t)}\frac{\mathrm{d}X(t)}{\mathrm{d}t}=\frac{rC\mathrm{e}^{-rt}}{1+C\mathrm{e}^{-rt}} \tag{2.7}$$

如图2.15所示，本实验中芽孢杆菌生物膜在底床泥沙各个深度的生物量随时间的变化均符合生物膜的对数生长模型，各曲线特征参数的不同反映了枯草芽孢杆菌对不同环境条件的适应性。通过对 $X(t)$ 的实验数据用对数生长模型进行回归分析，得到不同深度拟合曲线对应的 K、C、r 的参数值，如表 2.1 所示：

表 2.1　不同底床深度的生物量生长 Logistic 模型参数

特征参数	分层（距离床面的深度）				
	0～0.2 cm	0.2～0.5 cm	0.5～0.8 cm	0.8～1.3 cm	1.3～1.8 cm
K	9.947 85	9.560 28	7.793 24	6.677 78	5.499 05
C	34.805 63	57.391 1	29.079 7	19.115 5	14.560 39
r	0.448 12	0.496 44	0.368 27	0.271 03	0.241 73

如图 2.15 所示，对各深度的泥沙样本进行回归分析发现，各曲线的相关系数（R^2）也有差异，分别为 0.99，0.98，0.97，0.97 和 0.93（对应的生物量数据分别为距离床面深度 0～0.2 cm，0.2～0.5 cm，0.5～0.8 cm，0.8～1.3 cm 和 1.3～1.8 cm）。总体而言，不同层泥沙样本中生物量达到平衡状态所需的时间不同，并且其变化趋势为，所需时间随着深度的增加而增加。其中，表层（0～0.2 cm）和次表层（0.2～0.5 cm）的生长曲线很接近，生物量在培养约两周后均达到稳定状态，曲线的形态也十分近似。相比之下，在 0.8～1.3 cm 的深度，成熟的生物膜发育周期可长达 25 天左右。底层（1.3～1.8 cm）生物量随时间增长缓慢，即使在实验培养后期，当上层泥沙中生物量达到稳定后，底层生物量也仍有缓慢增加的趋势。除了达到稳定状态前的生长过程有差别以外，各层最终达到的生物量值在垂直分布上也存在差异。表层（0～0.2 cm）的含量远高于底层（1.3～1.8 cm），22 天培养期结束时，表层含量（10.2 mg. g^{-1}DW）几乎达到底层含量（5.8 mg. g^{-1}DW）的两倍。这一现象可以解释为：床面表层营养物交换频繁，从而促进营养物质通过输运和扩散进入表层生物膜。此外，泥沙中的含氧量将成为好氧微生物生长的限制条件，在泥沙底床中，含氧量随深度的增加迅速下降，该影响在黏性泥沙中更为显著。因此，随着深度的增加，底沙中芽孢杆菌细胞代谢的能力快速降低，生物量累积迟缓。

前人研究发现，如果在生物膜培养期间观察到较高的 GR 或 SGR，则表明生物膜所处的微环境为细菌的生长提供了更有利的条件。由式（2.6）和式（2.7）计算得到底沙不同深度生物量的累积速率，如图 2.16 所示。由图2.16a 可知，不同层的 GR 曲线表现出不同的形态，其峰值也呈现出较大差异。表面两层（0～0.5 cm）的 GR 曲线的峰值明显大于底层（1.3～1.8 cm），接近底层

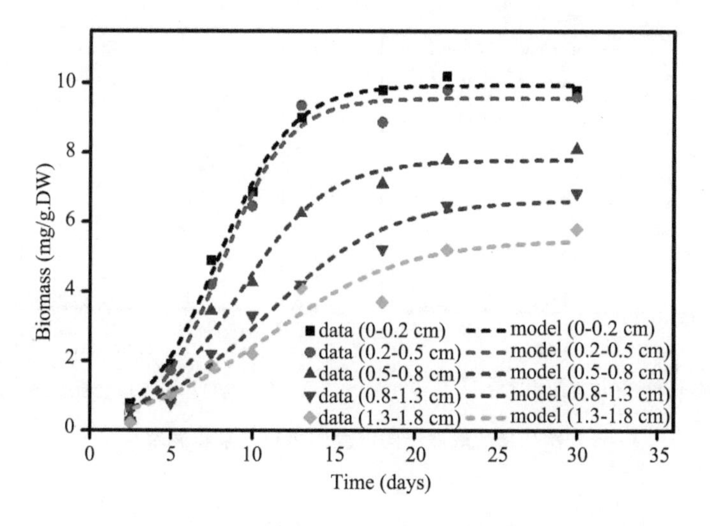

图 2.15　不同深度底床泥沙中生物量随培养时间的变化

峰值的 3 倍。此外，随着深度的增加，各曲线达到 *GR* 峰值的时间逐渐增加。表层（0～0.2 cm）生物量的 *GR* 在 7 天左右达到最大值，而底层（1.3～1.8 cm）的 *GR* 延迟至 10 天以上才达到峰值，如图 2.16(a)所示。除了 *GR* 曲线的对比，各层的 *SGR* 曲线也有差异，如图 2.16b 所示。表面 0.5 cm 生物量的 *SGR* 值在达到类稳态前（约 10 天前后）明显高于底层 1 cm。然而，在此之后，顶层生物泥沙的 *SGR* 值迅速下降，并快速趋近于零。相比之下，随着培养时间的增加，在实验末期，底层生物量仍呈现出缓慢增加的趋势（图 2.15），即使在 20～30 天左右培养接近结束时，底层的 *GR* 和 *SGR* 均为较大的正值（图 2.16）。虽然各层回归曲线中 K 和 C 的最大值均在表层（0～0.2 cm）处取得，分别为 9.95 mg・g^{-1}DW 和 57.39 mg・g^{-1}DW（表 2.1），表明底床表层泥沙的微环境更有利于生物膜的生长。然而，由图 2.16 可知，0.5～0.8 cm 深度层内的 *GR* 和 *SGR* 值虽然不如顶层高，但仍体现出较高的活性，反映了生物膜在底沙上的生长并非如传统的认知，表现为一种"表面现象"，仅附着于底床表面。由于非黏性泥沙具有较高的渗透性，当其作为生物膜的附着载体时，生物膜可在泥沙孔隙间向底沙内部延伸，表现出明显的垂向渗透的特征。

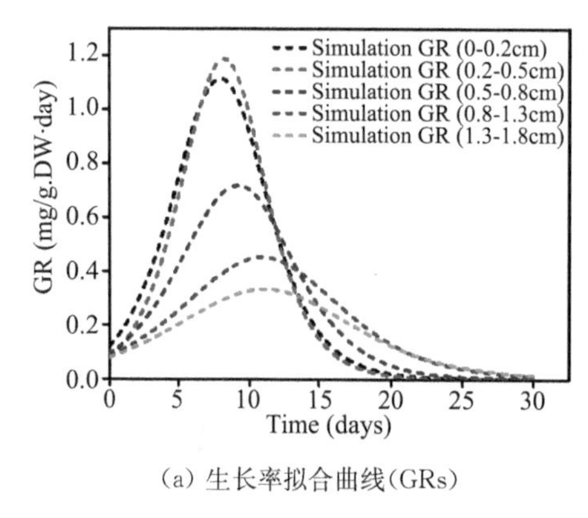

(a) 生长率拟合曲线(GRs)

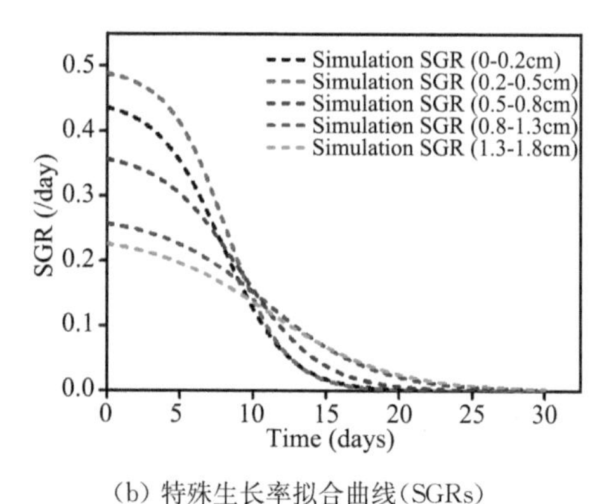

(b) 特殊生长率拟合曲线(SGRs)

图 2.16　底沙不同深度生物量的累积速率

2.4.2　泥沙中 EPS 随培养时间的变化

如图 2.17(a)所示，底床表层总 EPS 含量表示为多糖和蛋白质之和，培养过程中未测得腐殖质含量。在生物膜生长期间，EPS 含量从初始附着阶段(2.5 天)到成熟生物膜形成(18～25 天)均有变化。图 2.17(b)展示了生物泥沙中 EPS 含量(以 Bound-EPS 中的多糖含量作为表征)随深度的变化规律，以及垂向分布剖面随培养时间的演变。图中误差线表示三次重复测样之间的标准差。

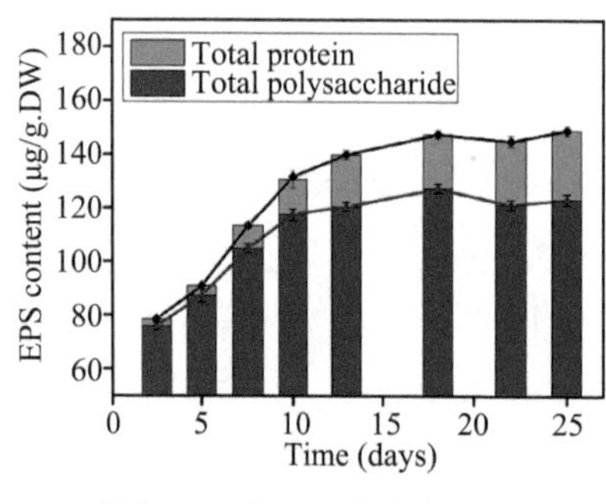

(a) 表层 2 mm 内 EPS 含量(蛋白＋多糖)

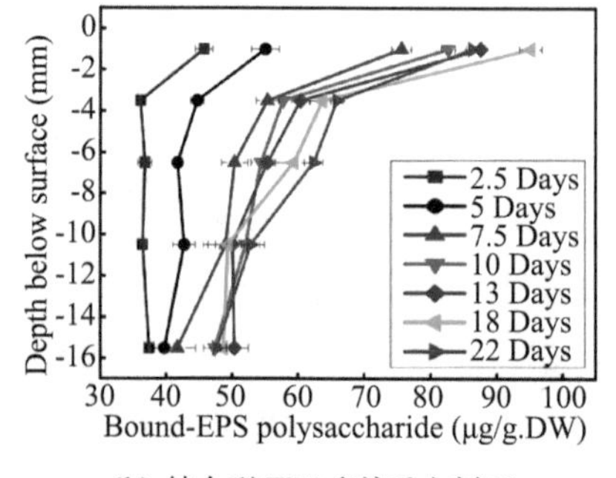

(b) 结合型 EPS 多糖垂向剖面

图 2.17　底沙中 EPS 含量随培养时间的变化

表层 EPS 浓度随培养时间的增加而升高，约 20 天后达到稳定状态，如图 2.17(a)所示。EPS 增长趋势表现为累积率最初较低，一周后迅速增加，生物膜在生长 15～20 天之间达到成熟，图中表现为 EPS 浓度值基本稳定在一定值，上下略有浮动。表层 Bound-EPS 含量在成熟生物膜形成前(约培养 10 天后)即趋于平衡，如图 2.17(b)所示。

EPS 多糖在生物科技方面具有多种商业用途，例如，在食品、化妆品工业等方面被广泛应用。其中，黄原胶作为一种菌类 EPS 多糖，可作为稳定剂、乳化剂或凝胶剂，用来提高被添加物的黏结力。因此，在现有的很多室内实验中，黄原胶常常被选择作为自然条件下分泌的 EPS 的替代物，为泥沙提供生物黏性，以区别于黏土矿物所产生的理化黏性，用以在实验室条件下重建自然环境中的生物泥沙系统。EPS 的两大主要成分为多糖和蛋白，前人研究表明，EPS 多糖的胶黏质特性对包裹单颗粒泥沙，在多颗粒泥沙间“架桥”并最终形成具有特殊微观形貌特征的三维网状结构的生物泥沙，具有很大贡献。相应的，EPS 蛋白质虽不能直接提供生物黏性，但近年来的研究表明，EPS 蛋白可能对微生物细胞的生长、生物膜三维网状结构的形成、生物膜结构强度等方面均产生正面影响，对泥沙稳定性的提高有着间接的促进作用，但 EPS 蛋白的这一结构作用可能很大程度上依赖于蛋白质的组成类型。

本实验中，EPS 蛋白在整个生长期间均存在于溶解型 EPS(Colloidal-EPS)中，而以结合型 EPS(Bound-EPS)形式仅在表层泥沙中检测出较少含量($< 25\ \mu g.g^{-1}DW$)，并且累积较迟缓，仅于培养 10 天后才有少量增加。随着生物膜的成熟，蛋白的含量在底床表面泥沙中逐渐累积，培养期结束时，其含量约占总 EPS 的 15%，这一占比与其他类似的生物膜培养实验中得到的结果很接近。然而，值得注意的是，即使在培养末期，即 25 天后，次表层(0.2～0.5 cm)中仍未出现结合型 EPS 蛋白。对于该现象的一种可能的解释是，随着生物膜的生长，结合型 EPS 蛋白的累积速率通常滞后于多糖。需要说明的是，虽然在之后的章节对生物泥沙冲刷结果的分析中(见章节2.4.4)，仅建立了 EPS 多糖垂向分布剖面的演变与泥沙稳定性变化的关系，并不意味着 EPS 蛋白对生物稳定性毫无贡献。

如图 2.17(b)所示，结合型 EPS 多糖垂向剖面的演变特性总体呈现出随着培养时间逐渐增加的趋势，但不同深度层呈现出的发育模式不同。首先，表层总体的累积速率均明显高于底层，最终 EPS 剖面中表层浓度达到底层的 2～3 倍。培养期结束时，生物膜中 EPS 的垂向剖面特征表现为，高度集中在底床表面，沿深度快速衰减。即便如此，在本实验短周期(最长三周)的培养条件下，对于非黏性泥沙，EPS 不仅局限于底床表面，而可向下延伸至底床内部～1 cm 的深度范围，如图 2.17(b)所示。尤其在距离表面 5 mm 的深度内，连续培养22天后，测得的EPS含量相对较高(> 60 μg. g^{-1}DW)。而在海岸环境中，潮滩生物膜受复杂动力环境的影响，例如，第二章中潮滩现场观测结果表明，春夏季节滩面以下4 cm内仍能检测到高含量EPS(可高达200 μg/g. DW)。此外，成熟生物膜形成后，EPS垂向分布剖面形态基本稳定(约2周后)，但随着培养天数的增加，缓慢向右平移，如图2.17(b)所示，表明次表层中结合型EPS仍表现出继续增加的趋势。因此，若培养周期继续增加(> 22天)，图2.17(b)中的垂向剖面可能继续向右平移。

2.4.2.1　EPS含量在床面表层和底层的分布

由章节2.4.1中分析可得，生物泥沙中生物量累积的生长速率在底床的不同深度上差异显著($p<0.01$)，因而选择底床表层(0～0.2 cm)和底层(1.3～1.8 cm)对EPS分布特征进行进一步对比分析，以研究生物膜在非黏性泥沙底床的垂向渗透作用。前人研究表明，在组成成分上，EPS是由多糖、蛋白质和腐殖酸等高分子聚合物组成，这些聚合物为水合基质提供了重要的结合能力。而在结构特征上，EPS呈现出分层结构特性，常规情况下，可将EPS根据距离细胞的紧密程度分为两层，即外层的溶解型EPS及内层的结合型EPS(详见章节1.2.2)。由图2.18可知，在生物泥沙底床的表层和底层，总多糖/蛋白和溶解型/结合型EPS的含量随培养时间的变化均呈现出一定的差异。具体分析如下：

总体而言，表层的总多糖和总蛋白含量均高于底层，如图2.18(a)所示。在达到生物膜生长的稳定状态后(培养约22天)，表层的总多糖含量达到一个相对稳定的水平(约120 μg. g^{-1}DW)，此时底层含量约80 μg. g^{-1}DW。从生长模式上看，表层生物膜的多糖和蛋白在培养第10天左右均呈现出快速增长的趋势，后逐渐达到稳定状态。相比之下，底层EPS的累积十分有限。在表层，总EPS中蛋白含量逐渐积累，但总多糖的含量比总蛋白高近5倍。而在底部，整个培育周期内几乎未见蛋白质在泥沙中生成。

如前所述，EPS多糖能形成复杂的三维网状结构，而EPS蛋白可以促进微生物的生长，有研究证明了蛋白质对生物膜维持整体结构强度的作用。研究表明细菌EPS中含有大量的蛋白，但蛋白与多糖的比值却很难预测，该比值对不同的环境条件很敏感，而不同种类的细菌感知环境变化和分泌蛋白的能力也有较大差别。本章的研究中，同时关注了多糖和蛋白的含量及其在生物膜不同形成时期的变化。结果表明，随着生物膜的成熟，表层的蛋白最终占总EPS的近15%。也有研究指出，因蛋白质的产量滞后于多糖，因而随着生物膜生长周期的延长，EPS 蛋白的产量有可能继续增加。

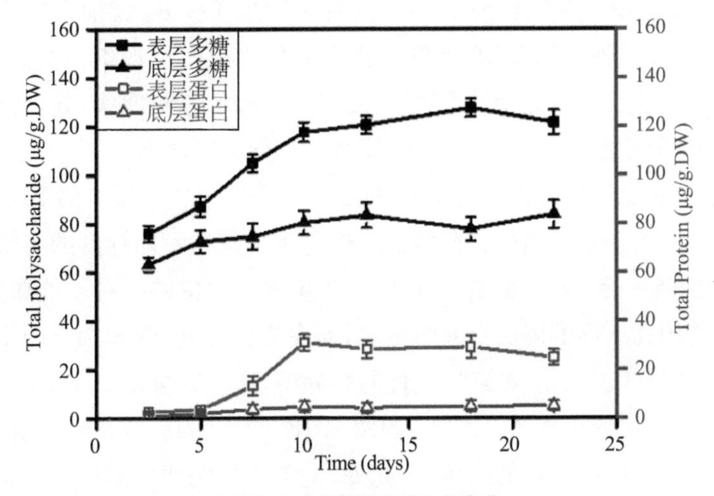

(a) EPS 中总多糖和总蛋白的变化

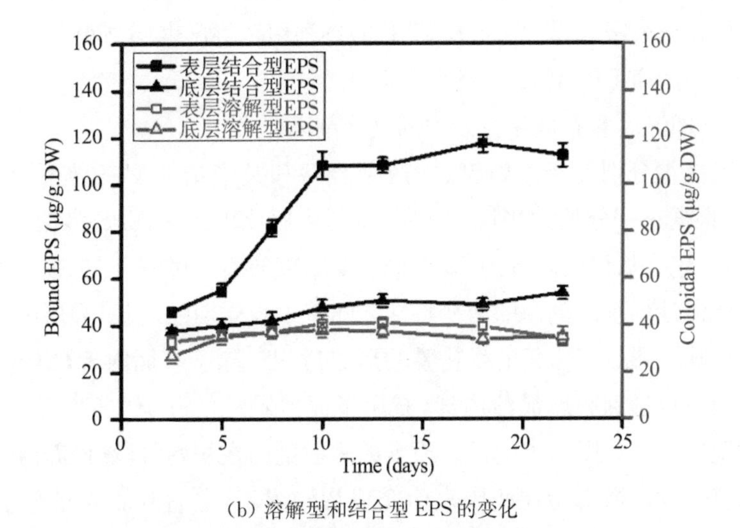

(b) 溶解型和结合型 EPS 的变化

图 2.18　表层和底层泥沙中 EPS 含量随培养时间的变化

生物膜的初始附着完成后(5 天培养期内)，表层和底层的溶解型 EPS 和结合型 EPS 的含量均基本相同，表层含量仅略高于底层，如图 2.18(b)所示。随着培养时间的增加，表层的结合型 EPS 大幅增长至大约 110 $\mu g. g^{-1}$DW，高达初始值的 2.5 倍(初始附着阶段结合型 EPS ＜ 50 $\mu g. g^{-1}$DW)。溶解型 EPS 的变化不大，在 30 $\mu g. g^{-1}$DW 上下浮动。这一结果表明，不同类型 EPS 的累积规律不同。结合型 EPS 在生物量进入对数增长期后迅速累积，在生物量的增长进入稳定阶段前，达到相对较高的浓度；溶解型 EPS 则随时间保持不变。溶解型 EPS 和结合型 EPS 的这种不同生长模式，在前人研究中也有报道，例如，在泥沙上培养 10 天的底栖硅藻生物膜中也观察到类似的现象。不同于表层，底层不同类型的 EPS 则表现出类似的累积曲线，其含量均维持在一个较低的范围内（30～60 $\mu g.\ g^{-1}$DW），变化幅度很小。

由表层和底层的对比分析可知，处于不同深度生物泥沙中的 EPS 在不同的生长阶段，展现出不同的分布特征。这与生物量在不同深度的生长曲线产生差异的结果一致（详见章节 2.4.1）。产生这一现象的一种可能原因为，在表层，生物膜在床面的固液交界面生长，而在交界面处，营养物质的交换和输运条件是最佳的。因此，在环境条件的刺激下，微生物分泌大量 EPS，逐渐在床面上形成成熟的生物膜。最终，如图 2.18(b)所示，表层的结合型 EPS 远大于底层（约是底层含量的两倍）。此外，由于底层泥沙中能被微生物利用的易分解的有机物含量很低，因此，分泌于细胞外的 EPS 可能重新作为营养物质被微生物分解吸收，因此，底层 EPS 的再利用率将比表层高很多，是导致最终能被测到的净 EPS 浓度值偏低的原因之一。

2.4.2.2　EPS 含量在底床泥沙中的垂向剖面分布

EPS 多糖分别处于溶解型、松散结合型和紧密结合型三种不同类型的 EPS 中，根据这一分类，如图 2.19 所示，得到底床泥沙中 EPS 多糖沿深度方向的分布，包含从初始附着到 22 天培养期结束的整个过程，用来表征 EPS 含量在底床泥沙中垂向剖面的演变特性。随着生长周期的延长，表层 EPS 浓度的变化反映了覆盖于床面的生物膜的形成过程。除了表面附着，EPS 网状结构还能向下渗透到底床泥沙内部，充斥于泥沙颗粒的孔隙之间，贯穿整个底床深度范围内。如图 2.19 所示，EPS 的垂向剖面在初始阶段（培养前 5 天）变化不大，该阶段，微生物在底床表面完成初始附着，之后开始大量分泌 EPS，生物膜快速生长。在 5～7.5 天的培养期内，各层生物泥沙中生物量的生长速率(GRs)均有所增加，其中表层的增长最为迅速（图 2.16），与此同时，表层 EPS 快速累积。因此，经过一周时间的培养，EPS 垂向剖面的斜率变大，EPS 在底床深度上的分布开始呈现一定的不均匀性。在表层生物量达到稳定状态之前，GR 先上升到最大值后下降（图 2.16），而这一过程中 EPS 在表层生物膜中不断积累，导致整个垂向剖面的斜率递增。当表面形成成熟生物膜后，由于次表层生物量累积增长的滞后性，表层 EPS 含量稳定在一个范围内（约 120 $\mu g.\ g^{-1}$DW），但表层以下泥沙中的 EPS 仍继续增加，导致 EPS 垂向剖面的斜率逐渐减小，沿深度分布的不均匀性降低。最后得到的垂向剖面的曲线形态接近初始阶段的形态，但整体的浓度水平较初始状态有较大提高。此外，由于底层的生物量在培养实验结束时仍呈现出继续增加的趋势，因而，但随着时间的推移，EPS很可能具有向底床更深层处累积的能力。前人研究表明，对于更大粒径的砂粒，例如，中值粒径大于250 μm的中砂，生物膜的"表面覆盖"、高浓度EPS集中于底床表层的现象不再被观察到，取而代之的是沿深度方向均匀分布的、低浓度的EPS。而即使是低浓度的EPS，在床面变形、微地貌演变等方面起到了控制作用。这意味着生物稳定性对泥沙运动的调控、对微地貌的塑造作用对于不同粒径的泥沙其表现形式也不相同，该影响的作用机理与泥沙颗粒间孔隙大小有关。对于黏性泥沙，过小的孔隙限制了EPS网状结构的垂向延展性；而本章实验研究的极细砂，为EPS在底床深度方向的网状分布提供了有利条件。

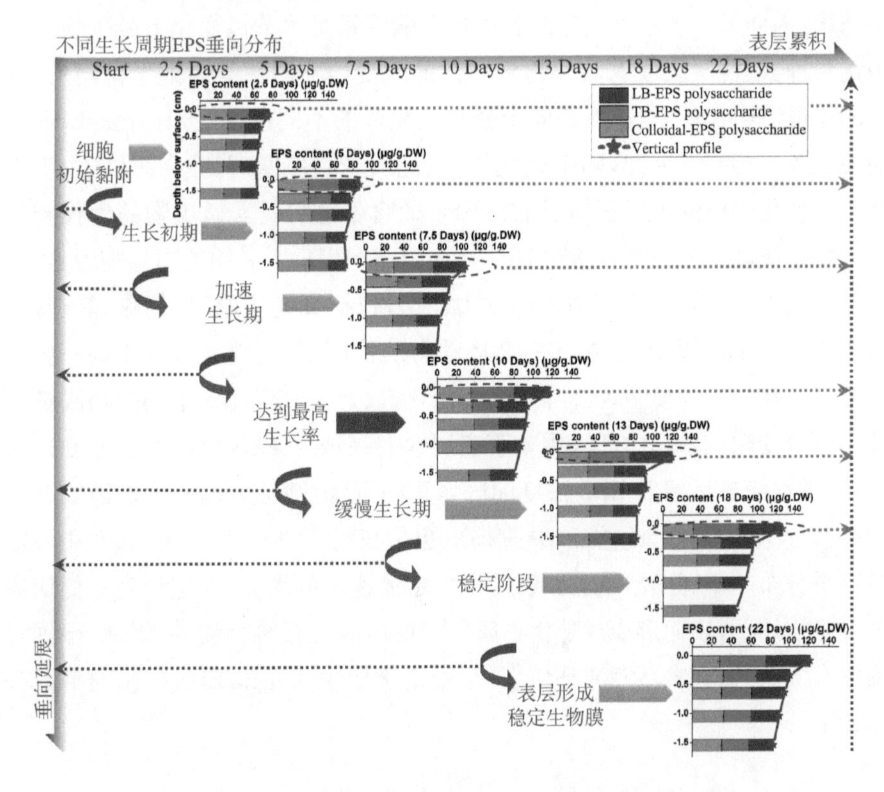

图 2.19 单一菌种培养下底床 EPS 多糖垂向剖面的演化

将本章实验中得到的EPS剖面分布与江苏潮滩S9站点（本章实验所用

泥沙取自S9站点附近)全年6次采样得到的剖面分布的表层2 cm进行对比,发现室内实验恒定水动力条件下培养得到的EPS浓度总体水平与潮滩现场秋冬季观测结果相近,浓度在100 $\mu g. g^{-1}$DW左右,而较春夏季节的剖面含量则整体偏小,但实验室培养的环境条件(例如温度、营养物浓度等)其实更接近春夏季节。此外,潮滩EPS的垂向剖面分布形态也与实验室培养得到的有所不同。潮滩现场底沙中EPS剖面含量的最大值并不出现在表层,而大多出现在位于次表层~1 cm深度的泥沙层中,这与室内培养的结果有较大差异。由此可得,由于潮滩环境受多因子复合动力作用,其生态系统也相对复杂,因此,自然沉积环境下生物泥沙的形成过程远比实验室中观测到的形成过程复杂。例如,江苏潮滩光滩上的底栖动物如文蛤等,令影响生物膜的形成。潮滩动物对生物膜的影响是表现为生物扰动作用导致EPS浓度降低,还是促进生物膜的形成,目前尚不明确。此外,潮滩微生物系统通常为多群落菌藻共生系统,因而另一个不可避免的微生物影响因素是季节性变化下微生物系统中优势种群、群落组成以及生物多样性的改变。不同种类的微生物,有其各自的最适宜生长环境,可能趋向于分布在泥沙的不同深度层,其分泌EPS的能力也各不相同。因此,随着微生物对温度、光照强度、营养物质供给、生物扰动等变化环境的不断适应、调节,EPS的含量也将随着微生物的生长和代谢而发生波动。另一个可能对EPS垂向分布产生重要影响的非生物因素,是潮滩区域不同时间尺度下的循环动力作用,包括日变化(每日的涨、落潮)和月变化(大、小潮周期)。在这一循环动力的控制下,潮滩泥沙处于高—低切应力交替作用的环境中,泥沙的起动、输移,以及附着于泥沙上的生物膜都将处于频繁变化的水动力环境中。若表层含有高浓度EPS的泥沙被冲刷进入水体,随水流输运到低EPS浓度的区域重新沉降,则可能改变了该区域EPS的剖面分布形态。因此,泥沙中的EPS也将在泥沙的ETDC循环过程中不断进行重分布。不同于本章实验设置中恒定流速下的培养,在这种高一低切应力交替作用下,表面形成成熟生物膜所需的时间是很难预测的,因此,根据目前已有的认知,在自然潮滩环境下,很难精确地预测底床EPS的垂向剖面分布特征。

2.4.3 颗粒微观形貌随培养时间的变化

如图2.20所示,扫描电子显微镜(SEM)图像展示了生物泥沙不同发育阶段下EPS在泥沙颗粒间的积累、泥沙颗粒微观形貌的变化。这里对培养2.5天、7.5天、10天后的表层生物泥沙样本，以及培养22天后各深度层的样本进行了电镜扫描，并以培养实验开始前，经过化学洗涤的"干净沙"的微观形貌作为对照。细菌初始黏附阶段(培养2.5天后)生物泥沙颗粒的电镜图与"干净沙"比较，未见明显变化，肉眼可见大面积光滑的矿物表面暴露在外。培养7.5天后，随着EPS的分泌，可见斑块状、分散的、局部生物膜黏附颗粒表面，但仍可见大部分未被附着的泥沙颗粒表面。培养10天后，成熟期的生物膜不仅对单颗粒泥沙有黏附作用，还在颗粒间形成"架桥"。由于EPS多糖常呈现出不同程度的分支结构，形成复杂的三维网状骨架，因此，随着生物膜的逐渐成熟，大部分泥沙颗粒表面被EPS覆盖，交织于网状结构中，生物膜—泥沙体系形成。如图2.20(b)所示，在培养22天后，垂向剖面各层生物泥沙的电镜图表明，近表面5 mm内的生物黏性作用显著，几乎所有的颗粒都嵌套在EPS网络中。网状结构将原本分散的非黏性单颗粒泥沙相互黏结，形成一个具有一定结构强度的整体，增加了床层的整体稳定性。在更深层(距表面5～8 mm)，颗粒暴露出部分矿物表面，但仍观察到EPS在孔隙间的填充作用。在底部两层，EPS的作用明显削弱，对单颗粒表现为局部包裹，除了观察到较小颗粒之间的连接作用以外，少见颗粒间的"架桥"和孔隙填塞现象。

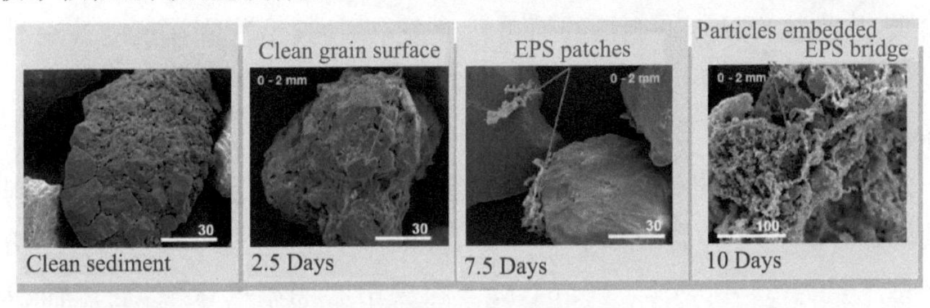

(a) 培养2.5天、7.5天和10天后表层泥沙颗粒的微观形态，以"干净沙"作对照

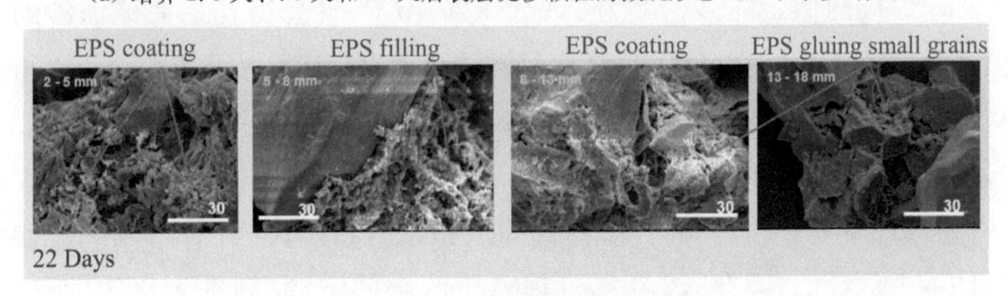

(b) 培养22天后不同深度底沙颗粒的微观形貌

图2.20　生物泥沙颗粒微观形貌(图上比尺单位为μm)

由电镜图可知，培养22天后，EPS对泥沙颗粒微观结构的重塑作用明

显,EPS 网状延伸至距离表面 8 mm 的床层深度,如图 2.20(b)所示,接近底床深度(20 mm)的一半。当大部分泥沙颗粒被 EPS 包裹,泥沙特性由物理性质主导,逐渐转变为生物黏性作用下的生物泥沙的性质。在传统的泥沙输运模型中,只考虑了物理和化学作用,并常常以中值粒径大小划分泥沙的黏性,或判断其相关的运动特性,如起动切应力等。然而,本章节研究结果表明,生物膜使得非黏性泥沙在微观结构、颗粒间相互作用上均具有了黏性泥沙的特征。此外,通过这种生物黏性,较细的颗粒由松散状态聚集成团,黏附于更大的颗粒上,提高了整体稳定性。综上所述,与非生物因素相比,生物黏性对泥沙特性的重塑发挥了重要作用。

需要指出的是,由于电镜扫描前制备样品时可能会扭曲 EPS 网状结构的真实状态,因此,虽然 SEM 图像可以证实 EPS 的存在及其对无机泥沙颗粒结构形态的影响,但必须注意,自然状态下 EPS 准确的形态还需利用其他无损的观测方法进行原位观察而获得。

2.4.4 冲刷特性随培养时间的变化

在冲刷实验中,根据悬沙浓度 SSCs 在冲刷过程中的时间序列生成了冲刷曲线,并通过 SSC 与冲刷量的简单转换关系,计算出冲刷深度随冲刷时间的变化,从而将某一深度的 EPS 含量与冲刷至该深度的冲刷率进行关联。冲刷深度的计算方法如下:

由冲刷曲线图(图 2.21)可知,最大悬沙浓度为 65 $kg \cdot m^{-3}$,根据冲刷装置圆筒部分基本尺寸(详见章节 2.1.2),可得水体总量为 0.013 m^3,环形槽内底床总沙量为 $65 \times 0.013 = 0.84$ kg。除去中心隔离槽区域,底床面积为 0.039 m^2。同时假定泥沙密度为 1,650 $kg \cdot m^{-3}$,计算得初始底床泥沙的总体积,即 $0.84/1650 = 0.0005$ m^3。再根据计算出底床面积 0.039 m^2,可得本章实验中当悬沙浓度达到最大值 65 $kg \cdot m^{-3}$ 时的冲刷深度为:$0.0005/0.039 = 0.0128$ m,或 12.8 mm。因而实时的冲刷深度 $h(t)$ 可表示为:$h(t) = 12.8 \cdot SSC(t)/65$。需要说明的是,通过该方法计算得到的冲刷深度只是一个估计值,因此,该计算过程基于两个假定,冲刷进入水体的悬沙,在冲刷装置的水动力条件下,在整个装置的水体中均匀分布;忽略床面变形,当作平床冲刷。由于计算过程中悬沙总量由 SSC 与装置中水体总体积的乘积计算得到,实际上是以假设床面上方 7 cm 处由 OBS 3+测得的悬沙浓度值等于整个水体中的平均悬沙浓度值。此外，由于不考虑床面变形，但实际冲刷过程中，常会伴随沙纹的产生，实际的冲刷深度可能更深，该差值与所观测到的沙纹高度相关。因此，本章节计算得到的冲刷深度仅反映冲刷的平均水平，在此定义为"等效冲刷深度"。

泥沙冲刷的临界起动切应力定义为底床开始产生冲刷时对应的水流切应力。本章研究中，泥沙的冲刷实验采用梯级冲刷的方式。实际上，泥沙的临界起动切应力值可能介于观测到泥沙悬浮起动时对应施加的底部切应力值与前一级的切应力值之间。因此，对于"干净沙"的临界起动切应力值的获取，采用由图 2.21 中的冲刷曲线通过回归分析的方法得到，其值为 0.158 Pa ($r^2=0.924$)。需要指出的是，本章实验通过 SSC 的监测判定泥沙的起动，在更低的剪切应力作用下，极细砂可能会发生推移质运动，因此，得到的临界起动切应力可能偏高。为了将本章冲刷结果与其他研究的实验结果进行比较，引用无量纲数 θ_c，计算本章实验所用的极细砂由谢尔兹曲线得到的临界起动切应力值。计算方法如下：

$$\theta=\frac{\tau_b}{(\rho_s-\rho)gD_{50}} \tag{2.8}$$

临界谢尔兹数可以表示为无量纲粒径 D_* 的关系式：

$$\theta_c=\frac{\tau_{b_c}}{(\rho_s-\rho)gD_{50}}=0.24D_*^{-1} \qquad 1<D_*<4 \tag{2.9}$$

其中：

$$D_*=D_{50}\left(\frac{g\Delta}{v^2}\right)^{\frac{1}{3}} \tag{2.10}$$

其中：τ_{b_c} 临界底部切应力；$\Delta=\frac{\rho_s}{\rho}-1=1.65$，其中，$\rho_s$ 为沙的体积密度，ρ 为水体密度；v = 水的运动黏滞系数 $=1\times10^{-6}\ \mathrm{m^2\cdot s^{-1}}$ ($T=20$ ℃)，$g=9.8\ \mathrm{m\cdot s^{-2}}$。对于本章实验中的研究对象极细砂，泥沙的中值粒径 $D_{50}=108\ \mu\mathrm{m}$，根据式 2.10 计算得相应的 $D_*=2.73$。由式(2.9)计算得这一粒径范围泥沙在不考虑生物黏性下的起动切应力为 0.154 Pa。该计算结果表明，通过谢尔兹公式得到的实验用沙的临界起动切应力值与本章节冲刷实验得到的"干净沙"的起动值 0.158 Pa 非常接近，误差小于 5%。由完整粒径分布下的谢尔兹公式，可得不同粒径泥沙的临界起动切应力值的范围在 0.154 Pa

到 5.28 Pa 之间。因此，在不考虑生物膜影响的情况下，本章实验所研究的泥沙样品表现出极低的抗侵蚀能力。由图 2.21 中不同生长天数(培养 5 天、10 天、16 天和 22 天)的生物泥沙冲刷曲线与“干净沙”对比可知，芽孢杆菌生物膜导致的生物稳定效应对泥沙的侵蚀过程有明显的调控作用。随生物膜培养时间的增加，底床无生物影响的非黏性沙逐渐转形为生物泥沙，其表面的抗侵强度明显增加。利用与计算“干净沙”临界起动切应力相同的回归分析方法，得到仅培养 5 天后生物泥沙临界起动切应力增加到 0.189 Pa($r^2=0.838$)。与“干净沙”的 0.158 Pa 相比，提高了约 20%。对于培养 22 天的生物泥沙体系，临界剪切应力达到 0.258 Pa，表层的抗侵蚀能力较“干净沙”提高了 60%。对于“干净沙”，在冲刷发生的初始阶段，同时可观察到床面的推移质运动。随着培养时间的增加，除了起动阈值的增加以外，泥沙在起动初始阶段的运动方式也发生了变化。当底床表面被生物膜覆盖后，泥沙起动过程不再以单颗粒泥沙运动(如滚动、跳跃等)的方式进行，而转为通过对生物膜破坏发生。前人研究中也观察到类似的破坏现象，称之为“Carpet-like Erosion”(卷起地毯形式的破坏)。换言之，表层生物膜的侵蚀是以一个“All-or-Nothing”的方式进行的，即切应力低于生物膜抗侵强度时，底床表现为整体稳定。而在外界切应力大于生物膜的临界强度后，底床发生整体破坏，生物膜剥离床面，泥沙在短时间内大量悬浮。因此，在生物泥沙体系中，泥沙悬浮前的推移质运动在很大程度上受到了限制。

生物膜黏附下，泥沙性质发生了本质转变(如章节 2.4.3 中生物泥沙颗粒微观形貌的电镜图所示)，泥沙起动、输移、絮凝、沉降等多个过程都受到微生物系统的调控，但其中最重要的贡献，是生物稳定作用对泥沙抗侵蚀能力的提高。目前的研究认为，产生生物稳定作用的机制有多个。首先，由于生物膜在底床表面形成一层膜状保护层，在水沙界面之间形成了一道生物屏障，避免底床泥沙直接受到外界水动力的扰动；其次，生物膜的覆盖增加了床面的平整度，减弱了边界层的局部紊动形成的扰动。本章节得到的冲刷曲线图证实了生物膜的这一提高表面抗侵蚀能力的作用，并发现其影响程度与生物膜所处的不同生长阶段有关。由图 2.21 可知，表层临界起动切应力值随培养时间的增加而增加，但随着生物膜的成熟，其在实验结束时达到了一个上限。

除了上述关于生物稳定性提高泥沙表面抗侵强度的机理以外，本章节的冲刷实验结果还表明，生物稳定效应并非仅仅局限于沉积物的表面。由章节 2.4.3 中生物泥沙颗粒微观形貌的电镜图可知，EPS 形成复杂的三维网状结构将分散的泥沙颗粒在垂向上互相黏结，增加了包括深度方向的整体稳定性。这一微观结构特征决定着，当表面生物膜破坏后，表层泥沙很快悬浮进入水体，但生物稳定作用并未立刻消失，而将继续调节着次表层的冲刷。由于对次表层冲刷的持续抑制，若要达到相同的SSC，生物泥沙所需的冲刷时间比"干净沙"更久。而在相同的切应力作用下，生物泥沙的SSC更低。如图2.21所示，当梯级切应力累积增加至0.18 Pa时，培养22天的生物泥沙体系中悬沙浓度较"干净沙"降低了40%，表明生物膜在冲刷过程中对水体悬沙浓度有明显的抑制作用。然而，值得注意的是，生物膜的作用并非总表现为对泥沙稳定性的增加。与"干净沙"相比，对于培养5天后的生物泥沙(EPS含量较低)，当冲刷到次表层时，生物泥沙水体中的SSC反而更高，表明冲刷反而加剧。这表明，对于早期形成的生物泥沙，一旦表层的生物膜被冲刷破坏，由于此时的切应力已经超过了"干净沙"本身的抗剪强度，因此，剩余应力会对处于次表层的泥沙产生更快的侵蚀。进一步对EPS进行分类分析，从亚微观层面对该现象进行深入解读。如前文所述，EPS可分为两大类：溶解型EPS和结合型EPS(详见章节1.2.2)。两类EPS对泥沙特性产生不同方面的影响。结合型EPS具有固定的形态，能够对泥沙颗粒间的孔隙产生填充作用，黏结泥沙颗粒，增加抗侵强度。不同于结合型EPS，溶解型EPS并不能作为一种有利的稳定因子。溶解型EPS的存在有助于泥沙中孔隙水的保持。如图2.22所示，次表层(2～5 mm)泥沙中的EPS以溶解型和结合型两种形式同时存在(图中误差线为三次重复测量结果的标准差)。在培养的最初一周，结合型EPS的浓度水平很低。因此，在生物泥沙形成的早期阶段，相对于结合型EPS，还未产生明显的黏结效应，而较高的溶解型EPS使底床内部含水率增加，不利于底床的稳定。因此，培养5天后的生物泥沙与"干净沙"相比，其次表层的抗侵能力反而更低。随着生物膜的发育成熟，结合型EPS浓度的相对水平增加，而溶解型EPS始终保持在一相对稳定的水平。因此，随着结合型EPS产生的黏结作用的增强，逐渐超过了溶解型EPS对稳定性的负面影响，从而导致成熟阶段的生物泥沙在次表层仍表现出较高的生物稳定性。而随着生物膜的生长逐渐达到稳态，生物泥沙稳定性的继续提高也变得十分有限。如图2.21所示，培养16天和22天后的冲刷曲线十分接近，但22天的生物泥沙冲刷到次表层的悬沙浓度仍略有降低。如章节2.4.1中有关各层生物量的累积曲线的分析，底层生物量累积的速率较表层更缓慢，当表层生长达到稳定后，次表层及向下仍有增长的趋势，导致表层以下泥沙的抗侵强度略有提高。

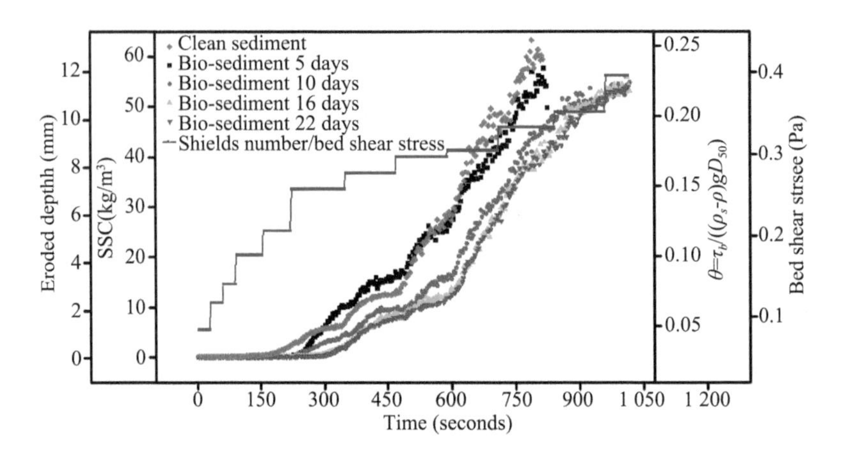

图 2.21 “干净沙”及单一菌种生物泥沙培养 5 天、10 天、16 天和 22 天后的冲刷曲线

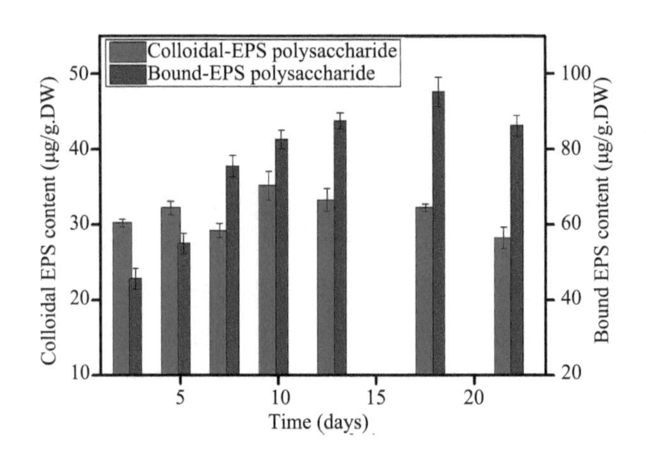

图 2.22 次表层(2～5 mm)泥沙中溶解型和结合型 EPS 多糖随培养时间的变化

通过对泥沙的冲刷曲线进行处理，可得单位面积泥沙的冲刷率柱状图，并利用冲刷率柱状图，通过对不同侵蚀模式的区分，进一步揭示生物泥沙冲刷行为的变化。在本章研究的封闭式冲刷装置中，冲刷率 $E_{(t)}$ 由下式计算得：

$$E_{(t)}=\frac{(C_{t+\Delta t}-C_t)V}{\alpha\Delta t} \tag{2.11}$$

其中：C_t代表 SSC 在时间 t 的值；V 为用于计算悬沙浓度的总水体体积，即 0.012 9 m^3；α 为底床床面面积，即 0.048 3 m^2。

如图 2.23 所示，根据上述计算方法得到了“干净沙”与培养 5 天、10

天、16天、22天后的生物泥沙的冲刷率柱状图。根据Amos等人提出的分类方式，分析不同冲刷阶段的冲刷率特征，对应不同的冲刷类型。根据该分类方法，“Type Ia型侵蚀”被定义为一种表面侵蚀现象，用于描述底床表层介于悬浮和松散附着之间的、薄型“绒毛”状有机质层在水动力扰动下的冲刷。在自然界中，“Type Ia型侵蚀”通常可在低流速下观察到，潮滩环境中，可能发生在涨潮初期。“Type I型侵蚀”可在“Type Ia型侵蚀”之后观察到，是大部分泥沙主要的侵蚀形式。发生该类冲刷的特征为，相同的切应力作用下，冲刷率开始较大，后随冲刷时间逐渐减小并趋于零；若冲刷时间足够长，最终能达到平衡态，SSC保持不变。“Type I型侵蚀”在一定范围内的切应力下均能发生。当水流切应力继续增加至一较高值，会发生“Type II型侵蚀”，其表现为，由于底床的整体破坏而产生恒定冲刷，冲刷率为一较高值，且不随冲刷时间发生改变。侵蚀类型的划分，反映了底床冲刷到不同深度时，表现出的不同冲刷行为。

由图2.21可知，随着生物泥沙培养时间从5天增加到16天和22天，临界起动切应力逐渐提高。随着生物膜的生长进入稳定期，临界起动切应力也达到上限。对比培养16天和22天的生物泥沙冲刷曲线(图2.21)可知两者之间的差异很小，而冲刷率柱状图(图2.23)也反映出类似的现象。表明在本章实验的水动力条件下，经过两周左右的培养，生物膜不再继续增强泥沙的抗侵能力，该作用达到(或接近)稳定(或平衡)状态。需要注意的是，在自然环境下的潮滩上，环境因素较实验室条件复杂得多，如受潮汐作用控制、不断发生变化的水动力条件，昼夜交替、季节变化产生的温度、光照等变动，极端的气候条件引起的风暴潮、台风浪等，因此，潮滩上的生物膜可能需要更长的周期才能达到稳态，或永远无法达到实验室理想条件下所得到的平衡态。

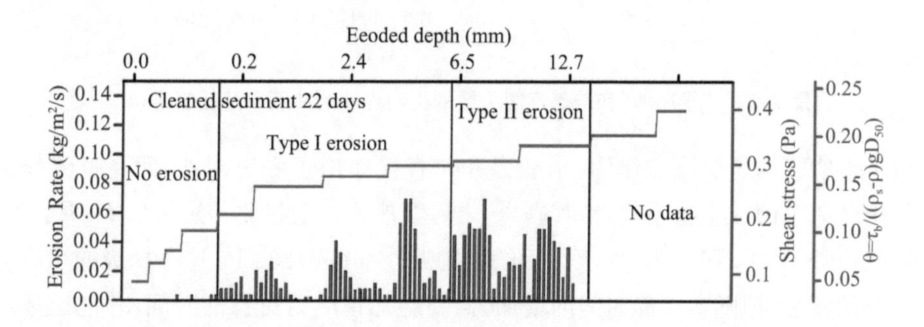

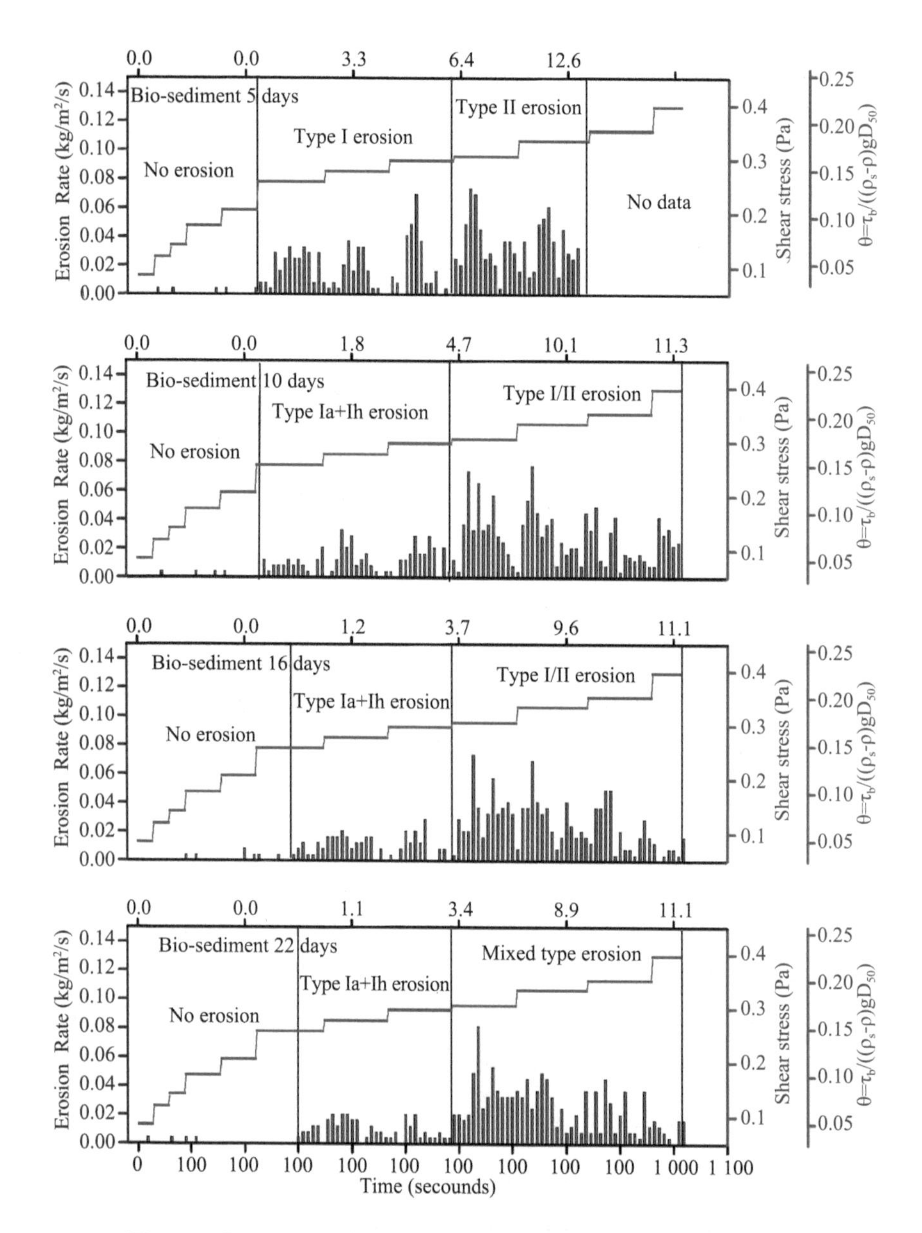

图 2.23 “干净沙”和培养不同天数的生物泥沙的冲刷率及侵蚀类型

由于生物膜的表层覆盖作用，水动力并非直接作用于底床泥沙，而是首先作用于底床表面的生物膜上，使其剥离，之后泥沙才发生起动。如图 2.23 所示，虽然培养 10 天、16 天和 22 天之后的生物泥沙都在 0.258 Pa 这一梯级的切应力开始侵蚀，但随着培养时间的增加，需要施加该应力更长的时间，才能破坏床面并开始侵蚀。因此，生物稳定效应不仅增加了床面表层的临界起动切应力，而且使其能在冲刷发生前，承受更长时间的临界剪切应力。生物泥沙的侵蚀具有更明显的“滞后性”。

然而，除了表层保护以外，EPS可以更深入地渗透到底床内部，从而在后续冲刷时间内有效降低冲刷率。培养10天、16天和22天后的生物泥沙在表层泥沙起动后，次表层的冲刷率仍维持较低值，表明次表层的冲刷被进一步抑制。随着培养天数的增加和生物膜的成熟，这种增加次表层稳定性的作用越来越明显。也就是说，即使在超过临界起动切应力后，生物稳定效应仍在较长的冲刷时间内发生作用。当切应力增加到超过泥沙起动阈值之后，生物稳定性对次表层泥沙侵蚀的抑制程度也与培养天数有关。

当冲刷进行到600 s左右(对应冲刷深度约为4 mm)，“干净沙”和不同培养天数的生物泥沙的冲刷率，无论是在趋势还是大小上，均呈现相似的水平。这一现象反映在冲刷曲线上，如图2.21所示，表现为600 s后的各曲线相互平行，斜率保持不变(或仅有小幅变动)。该结果表明，当冲刷继续向下进行到一定深度后，生物泥沙系统的冲刷模式逐渐恢复、逼近“干净沙”(无生物膜作用)的状态。这与EPS在底床泥沙上的垂向剖面分布特征关系密切。由章节2.4.2中的EPS含量沿着底床深度的剖面分布可知，高含量EPS累积在表层和次表层3～5 mm深度内。随着上层高含量EPS生物泥沙被冲刷去除，EPS浓度较低的沙层随冲刷的继续进行而逐渐暴露。以培养22天的生物泥沙为例，当冲刷进行到距床面4 mm后再继续向下冲刷时，EPS浓度从65 $\mu g \cdot g^{-1}$DW降到50 $\mu g. g^{-1}$DW以下。

培养5天后的生物泥沙与“干净沙”相比，整个冲刷过程中，各阶段的冲刷类型无明显变化。而培养10天、16天和22天后的生物泥沙系统，则可观察到明显的差异。在“Type I型侵蚀”发生之前，发生着持续较长一段时间的低冲刷率侵蚀过程。在大量泥沙悬浮之前，只有当表层的生物膜被破坏、剥离并扩散到水体中，覆盖于生物膜之下的沙粒才会被侵蚀。因此，在这段低冲刷率侵蚀过程中，其实发生着生物膜的剥落。可以观察到生物膜破碎形成块状、松散的絮团，与床面连接减弱，形成部分与底床黏接、部分悬浮，随边界层紊动而浮动的块状生物膜残留，直至最终被剥离床面。该过程与自然界中观察到的“Type Ia型侵蚀”十分类似。

当冲刷继续进行，在表层生物膜丧失其完整性和整体强度后，可能在很短的时间(＜10 s)内被冲刷去除。由于EPS网状结构具有在泥沙孔隙间由表层向深度方向延伸的能力，因而经过两周以上的培养后，底床从表面向下3～

5 mm 的泥沙层中仍能观察到较高的 EPS 浓度。在失去表层保护后，生物黏性对沉积物颗粒间黏结力的影响仍然显著，不同生物泥沙其冲刷曲线的梯度（冲刷率）与“干净沙”相比仍有差异。这反映了表层以下高浓度 EPS 的稳定作用，继续抑制次表层的侵蚀速率。这种次表层的稳定效应很少有文献记载，但却是生物稳定性的一个重要方面。由于床面层覆盖的生物膜已不复存在，该过程不再为一种“表面现象”，因而不属于“Type Ia 型侵蚀”的定义范畴；但同时，由于其冲刷率一直保持较低值，因而也不满足“Type I 型侵蚀”的定义范畴。因此，针对本章实验中侵蚀深度达到 2～4 mm 时，提出一种新的侵蚀类型“Type Ih 型侵蚀”，其中“h”代表“Hindered Erosion”，即“抑制侵蚀”，用来反映次表层生物泥沙的侵蚀特性。实际上，在冲刷率上，“Type Ih 型侵蚀”表现为与“Type Ia 型侵蚀”类似的特征，但其反映的是表面生物膜去除后，颗粒运动由于受到黏附于更深层生物膜的保护作用而发生抑制侵蚀的过程，因而描述的其实是发生在“Type Ia 型侵蚀”与“Type I 型侵蚀”之间的过渡阶段。受生物稳定性影响而降低的冲刷率用“*DE*”表示，可表达为“干净沙”发生“Type I 型侵蚀”的冲刷率，减去对应时刻的、受到生物膜影响而发生“Type Ih 型侵蚀”的冲刷率，其表达式如下：

$$DE = control\ rate\ (Type\ I) - hindered\ erosion\ (Type\ Ih) \tag{2.12}$$

对于生物泥沙体系，“Type I 型侵蚀”和“Type II 型侵蚀”之间并没有明显的分界。通常将“Type I 型侵蚀”后的冲刷阶段描述为“过渡型”或“混合型侵蚀”。

对于含有黏性泥沙的底床，生物稳定性通常表现为临界起动切应力的大幅增加（可能出现 3～5 倍的增幅）。相比之下，生物膜对于本章实验所研究的非黏性极细砂，虽仍有较明显表层保护作用，但较黏性沙而言，作用相对较弱（本实验中临界起动切应力的最大增幅仅为 0.6 倍），但更深层分布的 EPS 仍可对泥沙的运动发挥重要作用。

2.5 本章小结

为了研究单一菌种分泌的 EPS 对非黏性泥沙稳定性影响的时空变化，在极细砂底床上进行枯草芽孢杆菌生物膜的培养，同时进行四组平行实验，培养天数分别为 5 天、10 天、16 天和 22 天。在培养过程中，对底沙分层取样，并通过化学提取、扫描电镜等分析方法，得到不同培养天数下底床中 EPS 的浓度水平及其垂向剖面分布特征，以及泥沙颗粒微观形貌特征的变化。培养完成后，进行原位冲刷，在梯级增加的底部切应力作用下，得到不同培养天数下形成的生物泥沙对应的冲刷曲线，并与“干净沙”进行对比。主要结论如下：

在新建立的生物泥沙底床中，随培养时间的增加，枯草芽孢杆菌分泌的EPS在底床深度方向形成不同的垂向剖面，改变了泥沙特性，使得非黏性泥沙表现出黏性泥沙才有的特性，并对泥沙的整个冲刷过程产生不同影响。EPS“架桥”增强了多颗粒之间的连接，提高了松散状态下颗粒的稳定性，使得非黏性泥沙在微观结构、微观作用上表现出黏性泥沙的特征。与非生物因素相比，生物黏性对泥沙特性的重塑发挥了重要作用。

EPS除了在底床表面累积外，还呈现出在深度方向由表层向底床内部渗透的趋势。随着培养期的延长，结合型EPS的垂向剖面分布不断演替。经过22天的培养，床面覆盖高浓度EPS的生物膜，表层以下3～4 mm深度内的泥沙中仍可观测到一定浓度的EPS($>60\ \mu g.\ g^{-1}$)。在底部，EPS累积迅速衰减，表层EPS含量近似为底层的两倍。在表面形成成熟的生物膜后，次表层中的EPS仍有向更深处延展的趋势。溶解型和结合型EPS表现出不同的累积模式。生物膜的快速增长期间，结合型EPS快速累积，而溶解型EPS的含量几乎没有变化。

底床分层取得的泥沙样品的扫描电镜图像展示了生物泥沙形成过程中微观形貌的变化。EPS在单颗粒上黏附、多颗粒间的“架桥”，以及最终网状结构的形成，将分散的泥沙颗粒聚集成团，增强其整体稳定性。生物泥沙的形成，改变了非黏性泥沙的特性，继而影响了其起动和冲刷过程。首先，由于生物膜的覆盖，为底床提供了表层保护作用，使得床面抗侵能力增加，临界起动切应力增加。此外，即使达到临界切应力值，泥沙并不立即悬浮，而是随着生物膜的破碎、剥离，发生一个渐进的表面破坏过程。

生物膜对泥沙冲刷特性的影响不仅表现为表层临界起动切应力的提高，对次表层泥沙的冲刷仍有影响。随生物泥沙培养时间的增加，对次表层稳定性的影响发生由负向正的改变，这与溶解型和结合型EPS对泥沙的不同作用有关。受EPS垂直分布规律的影响，生物黏性对底床稳定性的影响程度也随冲刷深度而改变。表层生物膜剥离后，床层强度并非立即回归到非黏性状态，而是根据EPS的剖面分布特征逐步调整：次表层发生新的冲刷类型，即“抑制侵蚀”(Hindered Erosion)；当冲刷深度到达EPS浓度很低的底层时，生物稳定性的影响逐渐消失。

3

第3章 单周期菌藻共生生物膜对泥沙的稳定性影响

第二章恒定水动力条件下单一菌种生物膜对泥沙冲刷特性的影响研究表明，生物膜对泥沙颗粒的微观形貌、底床的临界起动切应力、次表层冲刷率等均具产生重要影响。然而，自然界中的微生物群落大部分以菌藻共生的体系存在。不同的微生物群落因其不同的生长特性，分泌 EPS 的规律也可能产生较大差异。因此，在研究时需考虑菌藻共生生物膜对泥沙稳定性的影响。

菌藻共生体系中，异养菌通常被认为是有机质的“分解者”。大多数异养菌具有分解、消耗微藻分泌 EPS 的能力。然而，来自生物医学、生物工程的相关研究表明，细菌也能产生大量的 EPS。细菌与微藻共存的方式，主要表现为在营养物质的循环利用方面形成互惠优势。某些品种微藻的生长甚至表现出对特定的几类菌群的依赖，有学者将这类细菌称为藻类的“卫星细菌”。例如，在某些海洋硅藻中，特定细菌的存在对其生长和 EPS 的分泌均起到至关重要的作用。Bruckner 等研究表明，微藻 EPS 中多糖的单分子构造随着共生菌群种类的变化而改变。因此，细菌与微藻之间的相互作用具有物种的特异性，在菌藻互利共生或相互竞争的模式下，生物膜形成的时间、多糖与蛋白的含量与比值、生物膜结构强度等均可能与单一菌种形成的生物膜有一定的差异。由于几乎所有微藻栖息的环境中都不乏异养细菌的分布，因此，菌藻共生体系下形成的生物泥沙，较单一菌种体系而言，更接近真实的潮滩环境下生物泥沙的状态。菌藻共生体系下形成的生物膜对泥沙的稳定性影响、与单一菌种生物膜生物稳定效应的差别、产生差异的内在机理，有待进一步研究。

综上所述，本章拟开展菌藻共生（混培）生物膜在底沙上进行不同生长周期的室内培养，探究共生体系生物膜在潮滩泥沙上的生长规律；分析 EPS 在底床上沿深度方向的分布规律，探究 EPS 垂向剖面的演变特征，与单一菌种体系下 EPS 的分布进行对比；揭示泥沙冲刷特性的改变，并与单一菌种培养下生物泥沙的稳定性进行对比；阐明不同微生物群落对潮滩泥沙稳定性的影响及作用机理，建立恒定水动力条件下生物泥沙系统的形成及其对水动力响应的概念模型。

3.1　实验原理

通过在经过化学处理后除去生物作用的非黏性泥沙底床上培养菌藻共生生物膜，分析培养不同天数下形成的生物泥沙中的 EPS 含量、颗粒微观形貌以及抗冲能力、冲刷行为的改变。利用自主研发的一套室内实验装置，同时进行多组平行实验，培养不同生长天数的生物泥沙，并进行原位冲刷观测。

3.1.1　实验思路与原理

本研究旨在再现菌藻混培下生物泥沙的形成过程，以及不同生长期生物泥沙侵蚀特性的变化。具体研究问题主要有以下三点：(1) EPS 含量及泥沙颗粒微观形貌随菌藻共生生物膜培养时间的增加发生怎样的变化？(2) 菌藻环境下形成的生物泥沙的冲刷特性有何改变？(3) 对比菌类生物膜对泥沙的稳定作用，微生物群落结构的改变对生物稳定性产生哪些影响？为了阐明这些问题，本章研究通过室内实验，从亚微观尺度量化了菌藻共生体系中 EPS 的累积过程，及其影响下泥沙稳定性和冲刷过程的时空变化，具体研究思路如下：

将江苏潮滩取回的现场沙经物理、化学处理后得到“干净沙”，进行菌藻混培生物膜的培养，在人工海水中加入菌、藻类微生物以及所需的基础营养物。各组次的培养天数不同，分别为 5 天、10 天、16 天和 22 天，其余环境条件保持一致。在培养过程中，对底沙进行分层取样，并通过化学提取、电镜图像等一系列分析方法，从亚微观层面分析不同培养天数下形成的共生生物泥沙中 EPS 的分布；从微观层面分析黏附生物膜后泥沙颗粒微观形貌及颗粒间黏结方式的变化。培养完成后，由于培养的时间不同，底床形成 EPS 含量水平不同的泥沙，在相同的水动力条件下进行原位冲刷实验，得到不同的冲刷曲线，分别与第三章中对应相同培养天数、菌类环境下形成的生物泥沙的冲刷曲线进行比较，对比得到菌藻共生环境对生物泥沙的形成、稳定性、冲刷过程等影响的差别。

3.1.2 装置与观测设备

本章实验利用自主研究的生物泥沙的培养与冲刷起动装置，共需 5 个装置同时进行平行实验，其中 4 个装置用于进行不同天数的培养，即 5 天、10 天、16 天和 22 天，培养完成后在装置中进行原位冲刷实验；另 1 个装置进行 22 天的完整培养，用于生物泥沙的分层取样，得到的生物泥沙样品用于提取其中的 EPS 以及进行电镜扫描。冲刷过程中，不同水动力条件需在实验进行之前用 Vectrino Profiler 进行率定。冲刷观测过程还需 OBS 3＋浊度仪进行装置水体中悬沙浓度的实时监测。本章实验所用生物泥沙的培养与冲刷起动装置、Vectrino Profiler、OBS 3＋以及 EPS 提取分析所需设备的详细参数见章节 2.1.2。

3.2 实验方法

本章节从生物泥沙样品中 EPS 的提取分析、生物泥沙微观形貌的获取及生物泥沙的冲刷特性的监测三个方面介绍本章室内实验所采取的主要研究方法。生物泥沙样品中 EPS 的提取分析采用化学分析法，提取底床不同深度泥沙中的 EPS，并测得其中的主要成分（多糖和蛋白）的浓度，作为 EPS 的浓度。生物泥沙微观形貌的获取通过扫描电镜获得。生物泥沙的冲刷与监测在自主研发的便携式装置中进行，采用 Vectrino Profiler 测得装置不同转速下的底部切应力；生物泥沙的冲刷采用梯级冲刷的方式，利用 OBS 3＋监测随着冲刷时间、冲刷切应力的增加，装置中悬沙浓度的变化，得到对应的冲刷曲线。生物泥沙的冲刷与监测方法同章节 2.2.3，EPS 的提取方法、电镜扫描与第三章所用方法略有不同。

3.2.1 EPS 的提取分析

不同于第二章 2.2.1 中对 EPS 进行溶解型 EPS 和结合型 EPS 的分类提

取，本章对 EPS 的分析仅重点关注其主要组成成分多糖与蛋白的含量变化，以及两者的比值，因此，只提取泥沙中的总 EPS，并进行多糖和蛋白的组分分析。总 EPS 提取方法如下：

取～3 mL 新鲜泥样于 50 mL 离心管，加入 0.2 μm 滤膜过滤后的人工海水至 30 mL，于振荡混匀器混匀 30 s，使泥样悬浮。向悬浮液中加入 0.18 mL 甲酰胺溶液(37%)。加入～0.8 g 的 Na^+ 型阳离子交换树脂，恒温振荡 1 h (25 ℃，150 rpm)后静置 10 min，待粗颗粒泥沙及交换树脂颗粒沉淀完全，液枪取上层液体，离心 15 min(4 ℃、10，000 g)后立即将上层液过 0.45 μm 醋酸纤维滤膜过滤，得到总 EPS 溶液，－20 ℃冷冻保存，以用于下一步 EPS 组分测定。

冷冻保存的 EPS 溶液于室温下解冻后，其组分中糖的测定采用蒽酮试剂法，标线以葡萄糖为标样；蛋白的测定采用改进的 Lowry 法，以卵清蛋白为标样。具体操作步骤同章节 2.2.1 中所述 EPS 组分测定的方法。

3.2.2 SEM 分析

本章涉及的生物泥沙微观颗粒形貌的扫描电镜分析(Scanning Electron Microscope，SEM)采用南京农业大学电镜室的扫描电镜，型号为 HITACHI S－8010N，25 kV，如图 3.1 所示。该电镜配有英国 Quorum PP3010T 冷冻传输系统、布鲁克 60 mm^2 能谱仪。

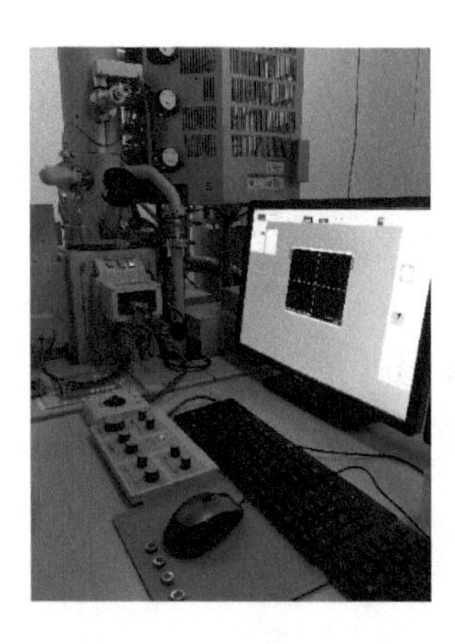

图 3.1 扫描电镜仪器(HITACHI S－8010N，25 kV)

3.3 实验步骤

本章节将从泥沙样品的处理、菌藻共生生物泥沙培养过程中营养液的配置、生物泥沙的培养及冲刷观测三个方面介绍本章实验的实验步骤。其中，实验装置、部分实验方法同第二章单一菌种生物膜在泥沙底床上的培养。

3.3.1 泥沙样品处理

本章所用实验沙同第二章所述实验中用沙。第二章菌类生物膜在泥沙上的培养以及冲刷实验结束后，将生物泥沙按章节 2.3.1 所述的方法清洗(不再进行筛分)，烘干后重新得到"干净沙"，作为本章实验底床泥沙的初始状态。

3.3.2 营养液的配置

在配置的人工海水(盐度为 23 ‰)中加入菌类(以芽孢杆菌为主)、藻类(混合藻种，包含江苏海域的优势藻种，如小球藻、硅藻等)所需营养，配比如下：0.05 $g \cdot L^{-1}$ 胰蛋白胨(0.075 g 胰蛋白胨 $m^{-2} \cdot day^{-1}$)，0.03 $g \cdot L^{-1}$ NH_4Cl(0.045 g NH_4Cl $m^{-2} \cdot day^{-1}$)，0.006 $g \cdot L^{-1}$ KH_2PO_4(0.009 g KH_2PO_4 $m^{-2} \cdot day^{-1}$)，0.015 $g \cdot L^{-1}$ $Na_3SiO_3 \cdot 9H_2O$(0.022 5 g $Na_3SiO_3 \cdot 9H_2O$ $m^{-2} \cdot day^{-1}$)，0.003 $g \cdot L^{-1}$ $FeC_6H_5O_7 \cdot 5H_2O$(0.004 5 g $FeC_6H_5O_7 \cdot 5H_2O$ $m^{-2} \cdot day^{-1}$)。其中以 $g \cdot L^{-1}$ 为单位的表示各营养物质在水体中的初始浓度，以 g $m^{-2} \cdot day^{-1}$ 为单位的表示各营养物质每天添加的浓度。

3.3.3 培养操作及冲刷观测

为了形成生物泥沙底床，在营养物浓度不受限制的条件下，将经过处理的"干净沙"置于富含混合微藻($>10^6$ cell $\cdot$ m^{-3})和芽孢杆菌($>10^3$ CFU $\cdot$ m^{-3})的人工海水中进行培养。枯草芽孢杆菌菌种来源于活化菌粉，由广州市微元生物科技有限公司提供；微藻种由混合藻粉活化而成，由江苏振兴生物技术有限公司提供。该藻粉实际用于海水养殖中鱼类饵料的添加，包含江苏海域的多种有益藻种，如小球藻、硅藻等。

菌藻共生生物膜在泥沙底床上的培养于自主研发的室内小尺度冲刷观测装置中进行(详见章节 2.1.2)。采用 5 个相同的装置(编号 A～E)进行平行实验。装置 A～D 用于培养不同生长周期(5 天、10 天、16 天和 22 天)的生物泥沙底床,培养过程中,为限制微藻或菌类以浮游形式在水体中自聚集,每 2～3 天用新配营养液取代装置中的一半水体,营养液的配置如章节 3.3.2 中所述。培养完成后,立刻进行原位冲刷观测。四组生物泥沙的平行实验在不同培养天数下的培养一冲刷时间序列如图 3.2 所示。图中,"ib"表示底床泥沙的初始状态,即经处理后的"干净沙"状态;"eb"表示各培养周期结束后,"干净沙"逐渐转变为生物泥沙后的最终状态;"IS"表示各培养结束后的冲刷实验中,梯级增加的水流切应力。装置 E 用于生物泥沙的分层取样分析,不进行冲刷实验。生物泥沙培养的四组平行实验(装置 A～D 中进行)的详细设置、初始床面的铺设、培养期间(装置 E 中)底床分层取样及保存方法、培养期内的水动力条件设置均参见第二章 2.3.3 所述单一菌种生物泥沙的"培养操作及分层采样";冲刷实验中 OBS 3+的率定、梯级切应力的设置、冲刷观测的造作步骤等均参见章节 2.3.4。

此外,实验装置内水温的设定维持在 24±2 ℃,与第三章中环境温度的设定略有差异(20±2 ℃)。由于微生物群落中包含微藻类,大多需进行光合作用完成生命代谢。因此,不同于单一菌类的生物膜培养,菌藻混培实验还需考虑光照条件的设置。本章实验中光照的提供采用人造光源,并设置日夜交替的循环模式(10 小时照明/14 小时黑暗),以模拟自然界中昼夜交替的光照条件。照明周期内,采用恒定辐射的日光灯光源,光照强度为 36 μmol·m^{-2}·s^{-1}。

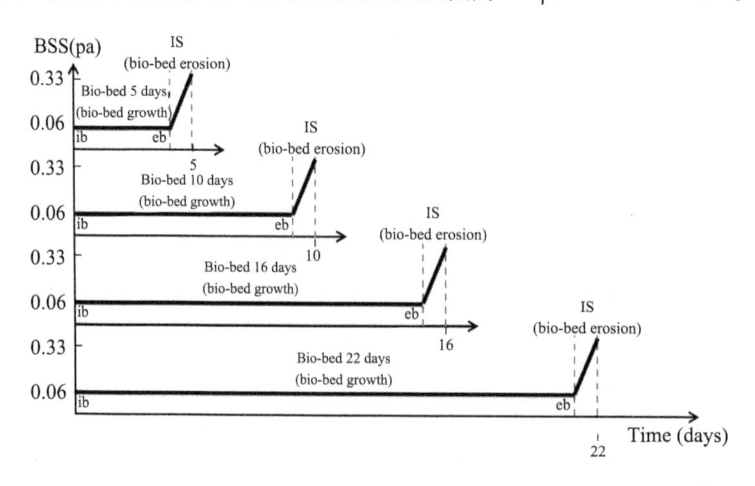

图 3.2 生物泥沙培养-冲刷实验的时间序列

3.4 结果分析

本章节从表层菌藻混培生物膜附着后，泥沙颗粒的低倍扫描电镜图出发，直观展现了生长生物膜后，泥沙群体表观特性受生物膜的影响程度随培养时间的变化。分析了底床表层和次表层泥沙中总 EPS 浓度随培养时间的变化，和 EPS 在泥沙底床 2 cm 深度内的垂向分布剖面的演变特征，进而对比了与第二章单一菌种培养下 EPS 的分布情况的异同点，并分析了产生差异的原因。培养完成后，采用梯级增加的切应力进行原位冲刷实验，分析了不同培养天数得到的冲刷曲线(悬沙浓度过程线)的差别，并与单一菌种培养下的生物泥沙的冲刷曲线对比。

3.4.1 颗粒微观形貌随培养时间的变化

如图 3.3 所示，图(a)～(d)分别展现了培养 5 天、10 天、16 天和 22 天后的生物泥沙颗粒微观形貌。低倍扫描电镜图像显示，随着培养时间从 5 天增加到 22 天，底床表层 2 mm 的泥沙颗粒中的生物膜影响明显增加。

由图 3.3(a)可知，培养 5 天后，大部分“干净”颗粒表面暴露在外，只有少量 EPS 呈零星的斑块状分布。这表明在有限的天数内，生物黏性并未发挥显著作用，不足以建立与“干净沙”差别明显的生物泥沙系统。

当培养天数延长至 10 天后，生物膜的进入快速生长期，EPS 逐渐在泥沙表层中累积。如图 3.3(b)所示，泥沙颗粒表面多处出现 EPS 簇团。除了附着于颗粒表面，还可观察到颗粒间也有小型的簇团充斥于孔隙间。尽管如此，培养 10 天后，电镜图拍摄范围内的大面积颗粒仍处于“干净沙”的无生物黏性状态。

培养 16 天后的电镜图显示，如图 3.3(c)所示，随着生物膜的成熟，泥沙中的微生物组分明显增加，其对表层颗粒的结合作用亦显著增强。EPS 最初局限于小颗粒泥沙的黏附，如图 3.3(a)和图 3.3(b)所示。随着黏附范围的扩张，如图 3.3(c)中，逐渐将小颗粒泥沙聚集成团，黏结成更大的团聚体，其直径可达 150 μm，达到与粗颗粒相近的尺度。同时，可见一些小颗粒聚团黏附于大颗粒上，使得原本分散的各单个细颗粒形成多颗粒互相连接的、更加稳定的团状结构。在此期间，EPS 往往表现出不同程度的分支，形成结构完整性，最终形成复杂的 EPS 网络。

培养 22 天后的 SEM 图像显示，如图 3.3(d)所示，位于底床表层的细颗粒泥沙在生物膜作用下团聚形成较大颗粒的现象，较培养 16 天后的生物泥沙中更加普遍，如图 3.3(c)所示。表明从 16 天到 22 天的培养期间内，生物黏聚作用仍然有很大增强。但不难发现，EPS 对粗颗粒(粒径约为 150 μm)的黏附能力非常弱，如图 3.3(d)中，培养 22 天后的生物泥沙中仍可见大量的、表面光滑的大颗粒，说明对于较粗的沙粒，本实验条件下形成的生物膜未能在颗粒上(或颗粒间)形成肉眼可见的有效黏附(或聚团)。

需要指出的是，由于电镜扫描前制备样品时可能会扭曲 EPS 网状结构的真实状态，因此，虽然 SEM 图像可以证实 EPS 的存在及其对无机泥沙颗粒结构形态的影响，但必须注意，自然状态下 EPS 准确的形态还需利用其他无损的观测方法进行原位观察取得。

图 3.3 低倍电镜下表层 2 mm 生物泥沙颗粒微观形貌随培养时间的变化

3.4.2 泥沙中 EPS 随培养时间的变化

底床表层(0～2 mm)及次表层(5～8 mm)泥沙中总 EPS 随培养时间的

变化如图 3.4 所示，图中，总 EPS 含量表示为多糖和蛋白质之和，误差线为三次测量的标准差。

如图 3.4(a)所示，在初始附着阶段，EPS 累积缓慢(培养初期的一周内)，这与第三章单一菌种培养下底床表层总 EPS 含量在初始阶段的变化情况十分类似，见章节 2.4.2 中图 2.17(a)。不同的是，在相同的培养天数下，两者所处的生长状态不同，EPS 所能累积到的最大浓度值也不同。由章节 2.4.2 中图 2.17(a)可知，单一菌种表层生物膜在培养两周左右后逐渐达到类稳态，在最长培养天数 22 天的实验组次中，已能形成成熟的生物膜。EPS 浓度最大值出现在 18～22 天之间，稳定在 150 $\mu g. g^{-1}DW$ 左右，略有浮动。而由图 3.4(a)可知，菌藻共生体系下的表层生物膜在 22 天培养结束时，仍处于对数增长期。EPS 浓度最大值达到 190 $\mu g. g^{-1}DW$ 左右。但由图中总 EPS 的累积曲线可知，此时 EPS 仍呈现出快速增加的趋势，若培养天数继续增加，EPS 浓度将继续增加至超过该值。因此，该最大值仅代表本实验设置的最长培养天数下所能获得的最大值，并非菌藻共生生物膜稳定状态下(或生物膜进入成熟状态时)的最大值。

本章实验中表层总 EPS 中蛋白的累积模式[图 3.4(a)]与单一菌种培养下蛋白的累积模式[章节 2.4.2 中图 2.17(a)]十分类似。蛋白的累积速率均滞后于多糖，仅于培养 7～10 天后才开始增长。随着培养天数的增加，蛋白在底床表面泥沙中逐渐累积，22 天培养期结束时，其含量约为 30 $\mu g. g^{-1}DW$，占总 EPS 含量的 16%左右，与单一菌种的比值十分接近(约为 15%)。但对于菌藻共生生物膜，由于蛋白的累积呈现出持续增长的趋势，因此，随着培养时间的继续增加，EPS 中蛋白的含量可能还会继续增加。

次表层(5～8 mm)泥沙中总 EPS 随培养时间的变化如图 3.3(b)所示，从增长曲线上看，未见明显的增长趋势。对比表层 EPS 的变化[图 3.4(a)]可知，次表层生物膜的生长模式与表层相比呈现出明显差异。次表层泥沙中 EPS 的累积十分有限，22 天培养期结束时，其含量仅达到 90 $\mu g. g^{-1}DW$ 左右，不及表层含量的一半(190 $\mu g. g^{-1}DW$ 左右)。即便如此，次表层中 EPS 仍有小幅增长，从培养 3 天后的 70 $\mu g. g^{-1}DW$ 左右，增加到 22 天的约 90 $\mu g. g^{-1}DW$，增加了约 30%。此外，次表层总 EPS 均由多糖组成，未见蛋白的累积，说明在 ESP 的组成成分上，次表层也与表层泥沙中的情况有较大差别。

综上所述，菌藻共生体系下，表层形成成熟生物膜的生长周期较单一菌种体系而言更长。这是由于不同微生物种群之间相互竞争，同时与环境相适

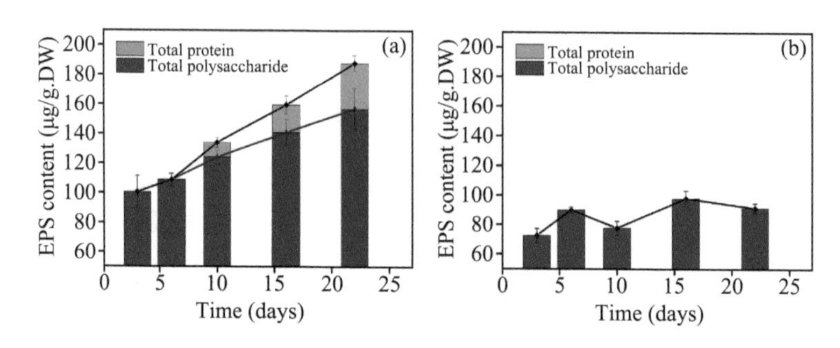

图 3.4　表层(0～2 mm)及次表层(5～8 mm)泥沙中总 EPS(糖+蛋白)随培养时间的变化

应调整,达到动态平衡。该过程较单一菌种体系更复杂,生物膜增殖过程的影响因素更多。从本章实验结果看,成熟生物膜的形成可能需要更长的时间,或者由于复杂的竞争环境,EPS的累积并不能达到最终的类稳态,可能会随着生长期有较大幅度的变动。就EPS浓度而言,菌藻共生体系生物膜的EPS累积更快,在相同培养时间下,在表层泥沙中可达到的浓度更高。此外,由于共生体系中微藻的存在,其趋光性决定了大部分藻类生物膜将以高浓度EPS聚集于底床表层的形式存在。由于光照强度随深度迅速衰减,导致表层以下的藻类很难进行光合作用以维持生长。此外,由于表层较厚生物膜的覆盖作用,将进一步导致到达次表层中的光照辐射、溶解氧、营养物等均显著降低,更大程度上限制了次表层生物膜的生长,抑制了EPS在底床更深层泥沙中的累积。相比较而言,单一菌种培养下形成的表层生物膜较薄,使得溶解氧、营养物质等具备一定垂向扩散的条件,因而EPS也呈现出向次表层或更深层泥沙累积的趋势。

菌藻共生体系下底床泥沙中EPS多糖和蛋白沿深度方向的分布随培养时间的变化如图3.5所示,包含从初始附着到22天培养周期结束的整个过程,用以表征EPS含量在底床泥沙中垂向剖面的演变特性。随着生长周期的延长,表层EPS浓度的变化反映了覆盖于床面的生物膜的形成过程。对比培养3天和6天后的垂向剖面分布可知,剖面特征在初始阶段(培养前一周)变化不大。处于该阶段的微生物在底床表面完成初始附着后,开始大量分泌EPS,进入对数生长期。在6～22天的培养期内,覆表层生物膜快速形成,与此同时,EPS的累积速率也明显增加。对比培养6天和10天后的垂向剖面发现,经过10天的生长后,EPS剖面斜率变大,表明EPS在底床深度上的分布开始呈现不均匀性。直至22天培养期结束,EPS在表层生物膜中仍处于快速积累阶段，导致整个垂向剖面的斜率持续增加。对比单一菌种生物泥沙中EPS剖面分布的演变特征，由章节2.4.2中的相关分析可知，当底床表面形成成熟生物膜后，表层EPS含量稳定在一个范围内波动，而表层以下各层的EPS仍继续增加，导致EPS剖面斜率表现为先增加后减小的变化趋势（如图3.4所示）。因此，单一菌种培养下，EPS最终的剖面曲线形态逐渐接近初始剖面的斜率。不同于这一特征，本章实验中菌藻共生体系下生物泥沙中的EPS垂向剖面在相同的22天培养期内，表层微生物始终处于对数生长期，EPS持续加速累积，并未达到EPS的稳定区间以及生物膜的成熟期，剖面斜率始终增加。除了表面附着，剖面整体的EPS平均水平随培养时间均有增加，但较单一菌种培养的情况而言，菌藻共生体系的垂向累积速率明显减缓。

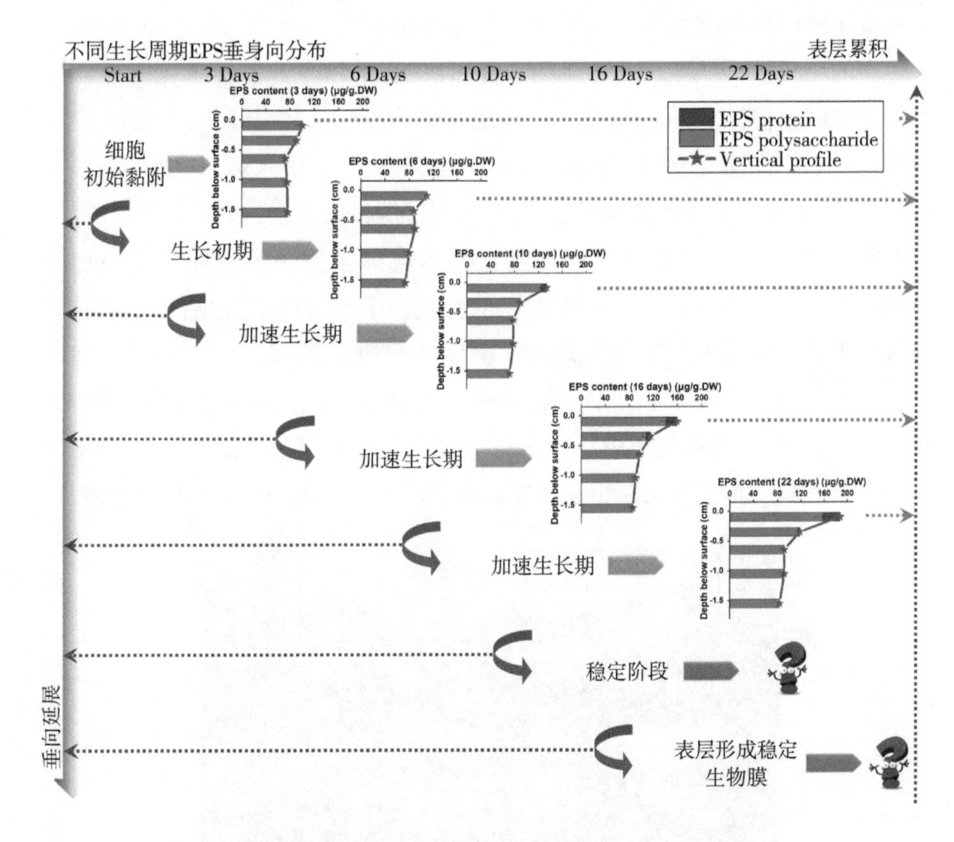

图3.5　菌藻共生体系下底床EPS垂向剖面的演化

3.4.3 冲刷特性随培养时间的变化

菌藻共生体系下，底床表层形成较厚的生物膜覆盖，底床冲刷破坏的特征，由单颗粒的滚动、悬浮，转变为生物膜的破坏、撕裂和剥离。如图 3.6(a)所示，培养 22 天后，微生物群落在砂质底床上形成牢固附着于表面的生物膜。从外观上看，由于微生物群落中微藻的存在，生物膜呈棕褐色，而芽孢杆菌生物膜呈白色或无色。底床泥沙的抗侵蚀能力，转而取决于生物膜的抗侵蚀能力。随着底部切应力的逐级增加，生物膜表现出抗侵能力明显高于"干净沙"的特征。由章节 2.4.4 中计算可得，"干净沙"的临界起动切应力为 0.15 Pa，而本章实验中的菌藻共生生物膜在底部切应力增加到 0.28 Pa 之前，始终保持较高的完整性。如图 3.6(b)所示，破坏初期，生物膜的破坏首先发生在局部边缘区域的侵蚀。随着切应力继续增加至 0.30 Pa，生物膜破坏现象大规模发生，小部分破碎的生物膜从边缘处被冲刷进入上层水体。之后，原本完整的、连接成片的生物膜逐渐瓦解，分块从床面剥离、悬浮，如图 3.6(c)所示。前人研究中，将自然界水体中微生物群落形成的生物膜的破坏形式描述为"卷起的碎片"。Hagadorn 和 Mcdowell 在实验中观察到，侵蚀后的生物膜碎片呈准多边形斑块状，与本章实验中观察到的情况类似，如图 3.6(c)和图 3.6(d)所示。同时，生物膜均形成清晰的侵蚀边缘，并在其边缘处呈切割形锯齿状。在该生物膜的冲刷过程中，尽管底床泥沙仍然保持其整体的稳定性，但随着生物膜的剥离去除，底床表层由于生物膜覆盖而产生的生物稳定效应逐渐丧失。

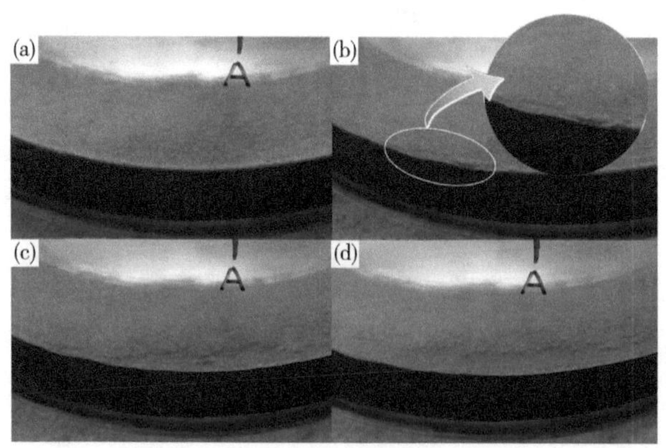

(a) 床面切应力从 BSS=0.06 Pa(冲刷时间 t=0 s)开始，逐级增加到(b) BSS=0.28 Pa(t=397 s)；(c) BSS=0.30 Pa(t=480 s)；(d) BSS=0.31 Pa(t=600 s)

图 3.6　冲刷实验中表层生物膜的脱落过程(培养 22 天)

此外，虽然表层覆盖的生物膜层被去除，肉眼并未观察到保护于覆盖层下的泥沙颗粒的起动、悬浮。如图 3.6(d)所示，剥离生物膜后露出的生物泥沙床面无侵蚀现象。然而，并不排除有少量泥沙随生物膜的剥离而被带入水体中。Mendoza-era 等学者指出，当生物膜被水流掀起时，由于 EPS 网状结构中包裹、黏结表层的细颗粒，因此可能伴随发生少量细颗粒泥沙的起动悬浮。

由图 3.7 中不同生长天数(分别为培养 5 天、10 天、16 天和 22 天)的生物泥沙冲刷曲线与“干净沙”对比可知，菌藻共生生物膜的生长导致的生物稳定效应对泥沙的侵蚀过程有明显的调节作用。随生物膜培养时间的增加，生物泥沙表面的抗侵强度明显增加。由希尔兹公式计算可得本章实验所研究的“干净沙”($D_{50}=108\ \mu$m)的临界起动切应力为 0.15 Pa，在未长生物膜的情况下，极细砂底床表现出极低的抗侵蚀能力。培养 22 天后，底床泥沙的临界起动切应力明显增加。如图 3.7 所示，3 周后形成的菌藻共生生物泥沙底床在梯级冲刷过程中，直至底部切应力增加至最后一级，即 BSS=0.33 Pa，才观察到泥沙的大量悬浮。是“干净沙”起动阈值(0.15 Pa)的 2.2 倍。SSC 值在最后一级切应力持续作用下，短时间内从 0 急剧增加到 40 $kg\cdot m^{-3}$。表明在失去生物膜的表层保护后，底床泥沙在高强度切应力作用下，迅速发生破坏，并长时间内始终维持很高的冲刷率，发生持续的整体冲刷(Mass Erosion)。菌藻共生生物泥沙的这种冲刷形式，相比于“干净沙”在低剪切作用下即发生起动、悬浮，随后在每一级作用力下缓慢冲刷至平衡的冲刷形式，有很大差异。值得注意的是，破坏的生物膜碎片从底床剥离、悬浮进入水体中，造成 OBS 3+测得的浊度值在较长的一段时间内保持一个高于初始背景浓度但很低的值。如图 3.7 中 22 天的冲刷曲线，在 BSS=0.33 Pa 施加之前，从 $t=350$ s到 $t=700$ s 之间长达 6 min 的高切应力作用时长下，观察到 SSC 呈现微幅上升的趋势，该阶段肉眼可见水体中有机质碎片的增加，但肉眼未观察到泥沙起动。此外，由于生物膜抑制了冲刷，降低了水体中的悬沙浓度，很大程度上增加了泥沙起动的滞后效应，对泥沙输运的预测产生较大的影响。如图 3.7 所示，“干净沙”和培养 5 天的生物泥沙床面在冲刷过程中，当梯级增加至 0.30 Pa 的高切应力值下，SSC 接近 55 $kg\cdot m^{-3}$。相比之下，培养 16 天的生物泥沙在相同切应力作用下，SSC 只有前者约一半的浓度(30 $kg\cdot m^{-3}$)。而此时，培养 22 天后的生物泥沙才刚刚开始侵蚀。因此，当冲刷结束时，培养 22 天的生物泥沙体系中的最终 SSC 仅有到 40 $kg\cdot m^{-3}$，与“干净沙”的 60 kg/m^3 相比，减少了 33%。

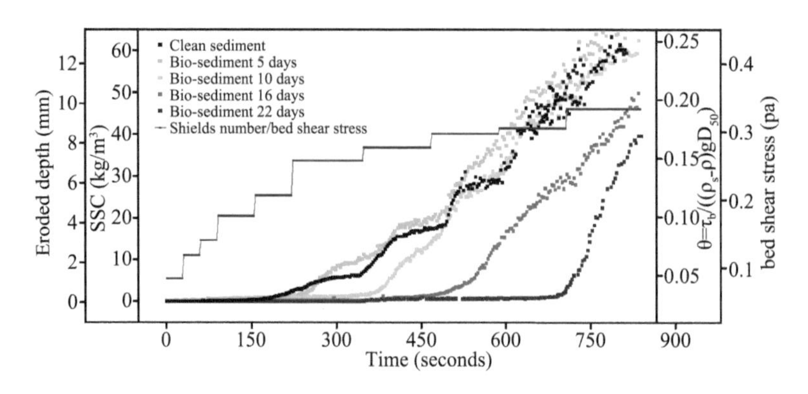

图 3.7　干净沙及菌藻混培生物泥沙培养 5 天、10 天、16 天和 22 天后的冲刷曲线

除了对冲刷率的有效抑制以外，菌藻共生生物膜的形成，改变了冲刷过程中的床面变形，对微地貌的重塑具有重要影响。如图 3.8 所示，对比了“干净沙”和培养 22 天的菌藻共生生物泥沙在冲刷过程中床面形态的变化特征。首先，微生物群落以表面生物膜的形式紧密附着于底床面层，表现出更强的抗侵蚀能力。随着冲刷的进行(BSS=0.26 Pa，$t=283$ s)，“干净沙”大规模悬浮，水体浑浊，床面逐渐产生明显的沙纹；而生物泥沙水体中仅有少量悬浮物，床面保持平整，未见床面变形。

如图 3.8(a)所示，“干净沙”在低剪切作用下发生床面变形，侵蚀过程伴随着沙纹的产生和发育，图中箭头反映沙纹的形成。砂质底床表面变形的过程是非常动态的，随着时间的推移，沙纹不断迁徙，其波高、波长等形状参数也不断发生改变。而如图 3.8(b)所示，菌藻共生生物泥沙底床则表现出完全不同的侵蚀过程。首先，冲刷过程中不再观察到沙纹，不再观察到单颗粒泥沙在床面的滚动、跳跃、继而悬浮的过程，表明泥沙在发生冲刷初期的推移质运动被完全抑制。这表明，生物膜生长后，泥沙不再展现非黏性泥沙的运动特征。当底部切应力增加至 0.14 Pa 或更高时，生物膜首先在固液交界面的紊动作用下发生局部、小规模的破坏。部分生物膜局部卷起并沿边缘翻转，随着水流的持续冲刷，生物膜碎片从床层表面脱落。如图 3.8(b)所示，床面颜色由明显的黄褐色逐渐褪色。在更高的切应力作用下(>0.31 Pa)，底床的侵蚀开始加剧，不再发生如图 3.6(b)中生物膜从边缘掀起到分块剥离的渐进过程，而是直接将上层呈片状生物膜整体“撕裂”，卷入上层水体。该过程中，同时被悬浮进入水体的还有大量包裹于 EPS 网状结构中的表层泥沙。如图 3.8(b)，当冲刷到底部切应力(Bed Shear Stress)BSS=0.31 Pa 和 BSS=

0.33 Pa时，图中箭头表示生物膜在脱落后整体结构稳定性发生的破坏。大规模侵蚀发生(Mass Erosion)，而这种冲刷方式通常只在黏性泥沙中发生。

在微生物的作用下，非黏性泥沙的冲刷模式完全转变为黏性泥沙的冲刷模式，冲刷过程并非沿深度方向均匀向下。由于菌藻生物膜的表面分布有不均匀性，颜色上呈浅棕、金棕、深棕色等多种色度，在床面的某些区域较厚，或在某些区域强度较高，如图3.8(b)中 $t=0$ s所示。这种不均匀的菌藻共生生物膜分布在野外观测中更为常见。因此，与“干净沙”相比，生物泥沙底床的侵蚀过程也体现出沿床面的不均匀性。在高剪切力作用下(BSS=0.31 Pa)，破坏从生物泥沙床面的最薄弱点开始，最表层被撕裂后，冲刷由该点开始，破坏范围迅速向四周扩张，而床面上的其他部分仍然保持稳定，未见破坏产生。这意味着，本章实验中菌藻共生体系下生物泥沙的破坏决定于床面强度最弱的一点。该点发生破坏后，由于“冲刷坑”的形成，水流应力在该点集中，将进一步加剧冲刷，直至在整个底床范围内，以该破坏点为辐射中心，向四周横向冲刷，该过程类似岸壁的侵蚀后退。这种破坏模式直接导致了大量泥沙在短时间内被侵蚀，水体中SSC急剧增加，如图3.7所示。因此，虽然生物膜抑制了沙纹的形成，但在另一方面，其实加剧了冲刷过程中床面的非均匀变形。

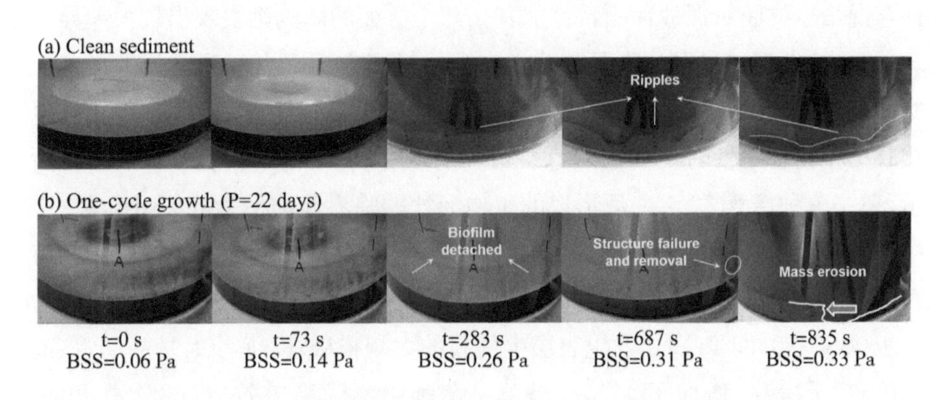

图3.8 “干净沙”和培养22天后的菌藻共生生物泥沙的侵蚀过程对比

传统的关于如沙纹、沙丘或平层冲刷等冲刷过程中产生的床面变形的解读，并未考虑富含微生物的潮间带环境中生物膜的作用。由上述分析可得，生物膜作用对泥沙特性、冲刷过程、床面变形、微地貌塑造等均产生重要影响，甚至在冲刷发生方式、床面变形等方面，对传统意义下的非黏性泥沙的动力响应行为产生颠覆性改变。而自然环境中，尤其是潮滩环境下，微生物普遍存在于各种沉积环境中。在古地貌动力学的研究中，常常通过床面结构形态等反演、重构水动力环境，若忽略生物膜对微地貌的延迟发育和重塑作用，则预测结果将产生较大误差。例如，若基于不考虑生物膜影响的非黏性泥沙运动特点作出预测，当观察到无床面变形或仅仅产生局部床面变形时，可能被误判为是在弱动力条件下产生的。

3.4.4 单一菌种与菌藻共生生物膜对泥沙冲刷特性影响的对比

存在生物黏性的天然泥沙中，泥沙输移将小于预测值，这将为模型预测结果与实际观测结果之间存在的差异提供一种可能的原因。与单一菌种生物膜相似的是，仅培养 5 天的初期生物泥沙，均未能体现出明显的生物稳定性，从两者的冲刷曲线来看(图 2.21 和图 3.7)，培养 5 天的生物泥沙的冲刷曲线与“干净沙”的十分接近。甚至在表层生物膜剥离后冲刷到次表层的深度时，单一菌种和菌藻共生两种体系下观察到冲刷率均高于“干净沙”的结果，表现出稳定性降低的现象。该现象主要是由于溶解型和结合型 EPS 对泥沙产生的不同影响造成，详细分析参见章节 2.4.4。除了该相同点外，单一菌种与混培生物膜对泥沙冲刷特性的其余几个方面的影响则表现出较大差异。

首先，表现在对泥沙临界起动切应力的提高方面。由于菌藻共生培养下底床表层的 EPS 含量更高，生物黏性作用更显著。相比较而言，单一菌种生物膜的生物稳定性对泥沙的起动抑制十分有限。如第二章 2.4.4 中分析所示，单一菌种培养 22 天之后形成的生物泥沙的临界起动值为 0.26 Pa，较“干净沙”的 0.15 Pa 增加了 68%。而由本章 3.4.3 菌藻共生生物泥沙的冲刷特性分析可知，培养相同天数后(22 天)，仅当底部水流切应力梯级增加至最后一级(BSS=0.33 Pa)时，发生表层生物膜的大规模破坏，泥沙大量起动，该起动值较“干净沙”增加了 117%，是单一菌种生物膜稳定效应(68%增幅)的 1.7 倍。

其次，与单一菌种生物膜相比，菌藻共生生物膜的脱落需要更长的时间。前人研究对松散微生物附着层(Fluff Layer)的冲刷特征描述为一种“All-or-Nothing”的模式，即生物膜一旦发生破坏，将在短时间内迅速完全剥离。因此，对于强度较低的生物膜，其冲刷表现为一种“突发效应”，即当水流剪切力低于生物膜抗侵强度时，外观上保持完好；高于临界值后，短时间内完成冲刷破坏。这种破坏形式与单一菌种生物膜的破坏形式类似，即在表层生物膜丧失其完整性和整体强度后，在很短的时间（<10 s）内被冲刷去除。不同于这一破坏形式，由于表层菌藻共生生物膜中 EPS 含量高，在冲刷过程中，也表现出较高的结构强度，其从底床剥离的过程分阶段发生，每个阶段表现出不同特征，剥离的持续时间也较单一菌种生物膜更长（～min）。如图 3.6 所示，生物膜出现破坏发生在 BSS＝0.28 Pa，t＝350 s 左右，持续到 BSS＝0.31 Pa 作用结束（t＝700 s，图 3.7），生物膜的破坏、剥离时间长达 6 min 左右，远大于单一菌种生物膜。

但是在剖面稳定性上，菌藻共生体系并未表现出明显的抑制次表层泥沙冲刷的特征。即使对于培养 22 天后的、表层展现出高抗侵强度的菌藻共生生物泥沙，在表层生物膜冲刷后，次表层泥沙很快大量起动。事实上，自然界中的生物膜是否能在更深层泥沙的冲刷过程中产生持续影响，一直是一个关于生物稳定性研究的争议焦点。有研究表明，一旦提供表层保护的生物膜被侵蚀，次表层泥沙将表现出与不考虑生物黏性的“干净沙”相同的冲刷行为，这与本章实验中菌藻共生培养下形成的生物泥沙底床表现出的情况十分类似。由本章 3.4.2 中表层和次表层 EPS 随时间的变化对比可知，菌藻共生体系中 EPS 更倾向于在表层累积，而次表层的分布十分有限。因此，虽然较单一菌种而言，菌藻共生体系下形成的生物泥沙的表面抗蚀能力在培养 10 天、16 天和 22 天后均有更为显著的提高，但当冲刷去除表面生物膜后，生物稳定效应迅速消失，床层稳定性迅速下降到非生物状态。从培养 22 天后生物泥沙的冲刷曲线可看出，泥沙起动发生后，SSC 在短时间内从 0 增加到 40 $kg \cdot m^{-3}$。这与单一菌种培养下次表层泥沙的起动方式有较大差异。由第二章 2.4.4 中分析可知，单一菌种情况下，表层生物膜破坏后，生物稳定作用并未立刻消失，而是继续调节着次表层的冲刷过程，随着冲刷深度的继续增加逐渐降低。这也与单一菌种培养下底床 EPS 的垂向剖面分布特征密切相关，即较高含量的 EPS 可在表层和次表层共 3～5 mm 的深度范围内累积。因而，当表面生物膜剥离后，次表层泥沙中的 EPS 仍然能提供生物黏性，起到生物稳定作用。

3.4.5 单周期生物泥沙的形成及其对水动力响应的概念模型

基于本章实验结果及与第三章的对比分析，构建生物泥沙体系形成及其对水动力响应的概念模型。如图 3.9 所示，传统的对非黏性泥沙侵蚀过程的研究大多基于不考虑生物膜作用的情况下，探讨泥沙冲刷、起动行为的相关机理。低切应力时，颗粒在重力作用下保持稳定，泥沙不发生起动。当水流切应力超过其抗侵阈值时，泥沙颗粒起动，在水流紊动作用下悬浮至上层水体，发生冲刷。然而，在生物泥沙系统中，侵蚀过程受生物稳定作用的影响，与生物膜不同生长阶段的特性息息相关。因此，对该过程机制的解读，较传统的对非黏性砂的侵蚀过程的刻画方式，更加复杂。

在生物泥沙体系中，生物膜对泥沙的稳定效应随着微生物群落的发育以及所处的不同生长阶段而发生转变。如图 3.9 所示，总体上看，在定性影响上，不同微生物种群的生物膜均表现出在生长初期对泥沙稳定效果不明显，甚至表现出不利于稳定的现象。这是由于溶解型和结合型 EPS 对泥沙的不同作用导致的。生物膜的生长初期，结合型 EPS(Bound-EPS)浓度很低，此时，主要为溶解型 EPS(Colloidal-EPS)发挥作用，而溶解型 EPS 并不能提供有效的生物黏性，相反，其保持高孔隙水含量的作用反而不利于底床稳定。随着生物泥沙的生长，表层覆盖的高浓度 EPS 对底床起到表层保护的作用，冲刷起动的决定性因素由泥沙的抗侵蚀能力转变为生物膜的抗侵蚀能力，底床起动切应力增加。此外，还表现出一定程度的对次表层的稳定作用，结合型 EPS 的增加，使得泥沙中生物黏性的有利作用超过了溶解型 EPS 带来的不利影响，影响程度与 EPS 的剖面分布特征紧密相关。

自然界中，泥沙受生物膜调控在不同时空尺度的海岸环境变化下产生从局部作用(日变化、潮周期)到大范围地貌演变(几年或几十年)的不同影响。前人研究表明，潮滩底栖微生物对潮滩上循环作用的周期环境变化具有很强的适应性，并能够在环境条件变动到适合生长的区间内时，非常迅速地分泌 EPS，形成生物膜，但成熟生物膜的形成则需要较长的时间。此外，大小潮交替的周期变化特征非常有利于生物膜的发育。由潮周期引起的水动力条件在高、低切应力之间的循环变化，使得生物膜在小潮期间(水动力弱、产生的底部切应力相对较低)更易生长，从而增加了潮滩底部的生物稳定性，以抵御随后大潮期间(水动力强、产生的底部切应力相对较高)的扰动，或波浪、风暴潮等其他强动力作用下的冲刷。而每日涨落潮的变化，使得营养物质交换充分。对于底栖微藻，在白天露滩期间，进行充分的光合作用，利于生物膜的生长。微生物的生长及其代谢水平还受到季节因素的调节，例如，温度、日照强度等。更大尺度的长期变化，如海平面上升、气候变化等，改变了当地的环境条件，可能会驱动生物膜的重分布，使得生物泥沙的分布范围向更适宜生物膜生长的区域迁移，该过程类似于海平面上升变化下盐沼植被的迁徙。

然而，生物稳定性对泥沙运动的调控作用并非仅局限于冲刷过程。如图3.9所示，冲刷发生后，水动力作用并不能完全去除黏附于泥沙颗粒上的EPS。因此，含有部分EPS碎片的泥沙中生物黏性依然存在，促进了泥沙颗粒在水体中团聚，改变水流携沙的絮凝特性，从而影响泥沙的输移和沉降。沉积过程中，在经历一系列复杂的物理、化学、生物的复合作用后，进一步增强其理化、生物黏性，生物泥沙重新形成。这一系列过程，使得泥沙各个方面的运动特性都受到生物膜的调控作用，最终将改变整个沉积环境，并对海岸地貌演变过程产生本质影响。

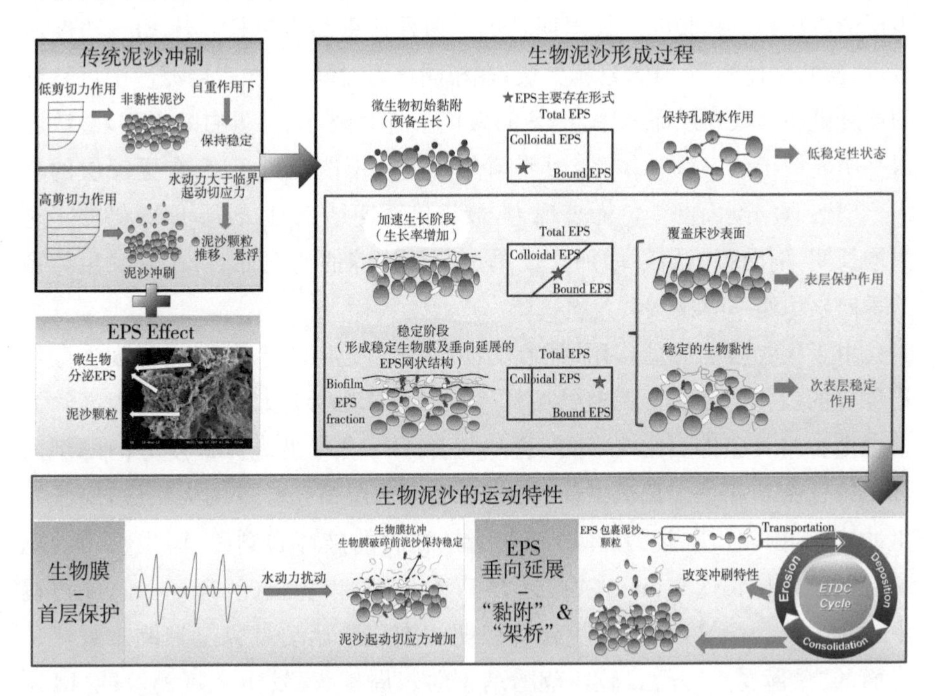

图3.9　单周期生物泥沙的形成及其对水动力响应的概念模型

3.5　本章小结

为了研究菌藻共生体系下微生物分泌的EPS对底沙稳定性影响的时空变化，在非黏性细砂底床上进行混培生物膜的培养，四组平行实验的培养天数分别为5天、10天、16天和22天。在培养过程中，对底沙分层取样，并通过化学提取、扫描电镜等分析方法，得到不同培养天数下底床中 EPS 的浓度水平、垂向分布特征，以及泥沙颗粒微观形貌的变化，并分析 EPS 分布水平的时空变化与单一菌种培养体系下的异同。培养完成后，采用梯级增加的底部切应力进行原位冲刷实验，得到不同的冲刷曲线（悬沙浓度过程线），并与单一菌种培养下的生物泥沙的冲刷曲线对比。主要结论如下：

低倍扫描电镜图像显示，随着培养时间从 5 天增加到 22 天，底床表层 2 mm的泥沙颗粒中生物膜的渗透作用明显增加，底床表层的细颗粒泥沙在生物膜作用下团聚形成较大颗粒。

表层泥沙中，EPS 在初始附着阶段累积缓慢，且蛋白的累积速率滞后于多糖，与单一菌种培养模式下的情况十分类似。不同的是，菌藻共生体系下，表层形成成熟生物膜的生长周期较单一菌种体系而言更长。就 EPS 浓度而言，菌藻共生体系下 EPS 累积更快；在相同培养时间内，在表层泥沙中可达到的浓度更高。次表层泥沙中，EPS 的累积十分有限，未见蛋白的累积，总浓度水平明显低于单一菌种体系，说明菌藻共生并不能促进 EPS 在更深层的累积。EPS 垂向剖面演变特征表现为，最长培育期结束时，表层 EPS 仍处于对数增长期，剖面斜率始终增加。较单一菌种培养的情况而言，菌藻共生体系的垂向累积速率明显减缓。

由于生物膜的黏性作用，泥沙的冲刷特性发生改变，其影响程度受微生物种群的变化而改变。菌藻共生体系下对底床临界起动切应力的提高约为单一菌种培养条件下的 1.7 倍，这与两者 EPS 含量沿底床深度方向的剖面分布特性密切相关。菌藻共生体系下，底床表层覆盖较厚的生物膜，底床发生冲刷时，由泥沙颗粒的起动，转变为生物膜的破坏和剥离，而生物膜的剥离时间可维持长达 6 min 左右，远大于单一菌种生物膜（$<$10 s）。冲刷过程中不再观察到沙纹，表明泥沙起动初期的推移质运动被完全抑制。破坏从床面的“最薄弱点”开始，破坏范围迅速向四周扩张，发生大规模侵蚀（Mass Erosion），而床面的其他部分仍保持稳定。这种冲刷方式通常只发生在黏性泥沙的冲刷过程中。虽然生物膜抑制了沙纹的形成，但在另一方面，其实加剧了冲刷过程中床面的非均匀变形。由上述分析可得，生物膜作用对泥沙特性、冲刷过程、床面变形、微地貌塑造等均产生重要影响，甚至在冲刷发生方式、床面变形等方面，对传统意义下的非黏性泥沙的动力响应行为产生颠覆性改变。

本章实验结果及与第三章研究对比表明，在单周期培养、恒定水动力条件的作用下，不同微生物种群生物膜对泥沙稳定性影响的程度不同，但两者的作用机理类似，都与EPS的剖面分布特征关系密切。在冲刷的过程中，表现出的定性特征也十分一致，在定量上有所差异。因此，基于生物泥沙的生长特性及抗冲特性的转变，建立了单周期生物泥沙的形成及其对水动力响应的概念模型，拓展了传统泥沙动力学中对非黏性泥沙冲刷起动的认识。

4

第4章 循环动力作用下菌藻共生生物泥沙的形成及其稳定性

第二章和第三章的研究结果表明，单周期、恒定水动力条件培养下，不同微生物群落生物膜对底床泥沙稳定性的影响程度不同。大多数室内水槽实验研究恒定流作用下生物膜的生长。这种水动力条件的设置，更适用于反映河流系统中的情况。针对潮滩生物稳定性的研究，选择在恒定流条件下，关注生物泥沙底床的发育、冲刷特性的演变，是对自然环境的一个简化模拟，更易于实验条件的控制，得到潮滩生物膜影响非黏性泥沙冲刷的一般性规律及影响机制。

对于潮滩泥沙生物稳定性的研究，需进一步考虑潮滩环境中独特水动力条件的影响。不同于河流系统，潮滩系统的一个主要的动力特征是受大、小潮影响，在高、低切应力之间循环变化形成的周期性扰动（冲刷）。因此，生长于潮滩地区的微生物群落，需适应这种动态变化的动力环境。Mariotti 和 Fagherazzi 将生物膜在潮滩底床的生长模式概括为“大潮冲刷一小潮修复”，认为在大、小潮周期性交替的循环动力作用下，生物膜在小潮期间（“平静期”，水动力弱、产生的底部切应力相对较低）生长，潮滩底部的生物稳定性增加，以抵御大潮期间（“扰动期”，水动力强、产生的底部切应力相对较高）的扰动。因此，在这种动力条件的控制下，处于潮滩上的生物膜并不能如第二、第三章中，处于长达 3 周的弱动力条件下生长，而是在频繁的扰动中，不断被破坏和再生长。由前两章研究结果可知，培养初期的生物膜并不能提高泥沙的稳定性。潮滩上，水动力强度自岸向海逐渐增加，处于不同区域的底床发生扰动的频率也不相同。例如，位于潮下带的底床，冲淤变化频繁，生物膜生长的“平静期”较短；处于潮间带中上部的底床，生物膜生长的“平静期”较长。因此，潮滩不同区域的生物膜处于不同的动力环境下，其产生的稳定效应也将发生改变。

介于这一特征，Mariotti 和 Fagherazzi 认为，潮滩环境下是否能够建立生物稳定性，取决于扰动发生的强度和频率，即可以用“机会窗口”理论来描述潮滩生物膜的生长特征。根据传统的“机会窗口”理论，只有当扰动频率较小、或强度较低时，才有可能形成生物稳定性。若生物泥沙的抗侵强度无法在给定的“平静期”内增加到超过大潮期间的最大剪切力，则该区域将始终不能建立稳定的生物泥沙体系，生物膜对该区域稳定性的影响近似可忽略。虽然该研究基于“机会窗口”理论建立了潮滩生物膜生长的数学模型，然而，并没有实验数据或现场观测结果来证实该理论在研究潮滩生物泥沙稳定性演变特性上的适用性。

综上所述，本章拟开展循环水动力条件下菌藻共生生物膜在底沙上的周期性培养—冲刷—再生长的室内实验，探究潮滩生物泥沙稳定性在频繁变动的切应力条件下的演变规律；验证传统“机会窗口”理论的适用性；阐明在循环冲刷下生物泥沙体系演变的机理，构建循环动力作用下生物泥沙系统形成及水动力响应的概念模型。

4.1 实验原理

本章节将介绍为研究菌藻共生体系下的生物膜在循环冲刷作用下的形成及其对底沙稳定性影响的时空变化，而进行的一系列室内实验的思路与原理。通过在非黏性沙质底床上培养菌藻共生生物膜，分析随循环次数的增加，生物泥沙在形成—破坏—再生长这样一个循环动力作用下，其冲刷特性的变化。根据这一思路，利用自主研发的室内实验装置，进行生物泥沙的循环周期培养，并进行冲刷的原位观测。

4.1.1 思路与原理

本研究旨在探寻菌藻生物泥沙在潮滩上独特的循环动力作用下，生物稳定性的形成过程及内在机制，验证“机会窗口”理论的适用性，构建循环作用下生物泥沙形成及其稳定性演变的概念模型。具体研究问题如下：(1)不同循环周期之间，生物泥沙是否重复相同的生长模式？(2)生长历史是否对下一个周期内的稳定性形成产生影响？(3)生物泥沙的稳定性是随着周期性扰动逐渐增加，还是退化到非生物状态？本章通过室内实验，量化了循环动力环境下菌藻共生体系中生物泥沙稳定性和冲刷过程的时空变化，具体研究思路如下：

将江苏潮滩取回的现场沙经物理、化学处理后，得到“干净沙”，在人工海水中加入充足的菌、藻微生物以及各微生物生长所需基础营养物，进行菌藻混培生物泥沙的生长—冲刷—再生长的循环培养。培养过程中，生物泥沙每生长 5 天冲刷一次，共循环 4 个周期，总实验天数为 20 天。选择 5 天作为每轮循环中生长期持续的天数，是因为由第二和第三章单周期恒定流培养下形成的生物泥沙的冲刷曲线可知，仅培养 5 天的生物膜并不能对泥沙产生稳定效应。因此，若不同循环周期之间，生物泥沙重复相同的生长模式，则在每 5 天扰动一次的频率下，生物稳定性将始终无法形成。生长期和冲刷过程的水动力条件与第二章和第三章冲刷实验中的保持一致。将每一轮循环中得到的冲刷曲线进行比较，并与第三章单周期恒定流培养下菌藻共生体系中得到的结果进行对比，分析循环动力作用对潮滩生物稳定性形成及演变的影响。

4.1.2 装置与观测设备

本章实验利用自主研究的一套生物泥沙培养与冲刷起动的量测装置，进行循环培养—冲刷—再生长的室内实验。冲刷过程中，不同水动力条件需在实验进行之前用 Vectrino Profiler 剖面流速仪进行率定。冲刷观测过程还需 OBS 3+浊度仪对装置水体中悬沙浓度进行实时监测。本章实验所用生物泥沙的培养与冲刷起动装置、Vectrino Profiler、OBS 3+的相关设备参数见章节 2.1.2。生物泥沙的冲刷采用梯级冲刷的方式，利用 OBS 3+监测随着冲刷时间、冲刷切应力的增加，装置中悬沙浓度 SSC 的变化，得到不同泥沙的冲刷曲线，生物泥沙的冲刷与监测方法同章节 2.2.3。

4.2 实验步骤

本章节将从泥沙样品的处理、菌藻共生生物泥沙循环周期培养过程中营养液的配置、生物泥沙的培养及冲刷观测操作三个方面介绍本章实验的主要实验步骤。其中，实验装置、部分实验方法与第二章和第三章单周期恒定流条件下生物膜在泥沙底床上的培养相同。

4.2.1 泥沙样品处理

本章所用实验沙与第三章相同。第三章菌类生物膜在泥沙上的培养及冲刷实验结束后，将生物泥沙按章节 2.3.1 所述的方法清洗（不再进行筛分），烘干后重新得到“干净沙”，作为本章实验底床泥沙的初始状态。

4.2.2 营养液的配置

菌藻共生生物膜在泥沙上的培养需在配置的人工海水（盐度为 23 ‰）中加入菌类（以芽孢杆菌为主）、藻类（混合藻种，包含江苏海域的优势藻种，如小球藻、硅藻等）所需营养，营养液的配置同章节 3.3.2。

4.2.3 培养操作冲刷观测

为了形成生物泥沙底床，在营养物浓度不受限制的条件下，将经过处理的“干净沙”置于富含混合微藻（$>10^6$ cell·m^{-3}）和芽孢杆菌（$>10^3$ CFU·m^{-3}）的人工海水中进行培养。枯草芽孢杆菌菌种来源于活化菌粉，菌粉由广州市微元生物科技有限公司提供。微藻种由混合藻粉活化而成，由江苏振兴生物技术有限公司提供。该藻粉实际广泛应用于海水养殖中鱼类饵料的添加，包含江苏海域的多种有益藻种，如小球藻、硅藻等。

实验装置内水温的设定维持在 26±2 ℃，与第三章中环境温度的设定略有差异（24±2 ℃）。本章实验中光照的提供采用人造光源，并设置日夜交替的循环模式（10 h 照明/14 h 黑暗），以模拟自然界中昼夜交替的日照辐射模式。照明周期内，采用恒定辐射的日光灯光源，光照强度为 36 μmol·m^{-2}·s^{-1}。该光照条件的设置与第三章相同。培养过程中，为限制微藻或菌类以浮游形式在水体中自聚集，每 2～3 天用新配营养液取代原水体一半的体积。

如图 4.1 所示，在高、低切应力交替作用下，生物泥沙底床在“平静期”（恒定的低剪切作用）发育 5 天后，在“扰动期”（梯级增加至高切应力）冲刷；之后在装置中静置沉降，重新进入“平静期”生长 5 天。图中，“Bio-bed”代表生物泥沙底床;"BSS"代表底部切应力;"IS"代表冲刷实验中逐级增加的剪切应力;"npg"代表无生长历史的生物泥沙的建立,即实验开始时"干净沙"的首次生长;"pg1"代表先前已有过1轮生长一冲刷破坏后,重新沉降的过程,"pg2"和"pg3"的含义类推;"ib"代表各轮生长期开始时底床的初始状态;"eb"代表各生长期结束时底床的最终状态。

在实验的第一轮循环中,没有生长历史(npg)的"干净沙"首次处于微生物环境中,泥沙底床从最初的非生物状态(npg的ib)培养到最终状态(npg的eb)。在此期间,水动力保持恒定,施加的底部切应力(BSS)为0.06 Pa,与第二章和第三章中培养期的水动力条件保持一致。第一轮生长结束后,原位进行梯级冲刷。底部切应力从培养期的0.06 Pa逐级增加,最大增加到0.33 Pa(冲刷历时为835 s,约14 min),生物泥沙底床在强水动力扰动下产生冲刷。冲刷过程中,通过安装在距离床面7 cm的OBS 3+实时测量水体中的悬沙浓度(SSCs)。冲刷阶段的观测方法同第二章,OBS 3+的率定、梯级切应力的设置、冲刷观测的操作步骤等均参见章节2.3.4。

冲刷结束后,停止施加底部切应力,水体中悬浮泥沙(包含在冲刷过程中剥落、悬浮进入水体的生物膜碎片)在静水条件下沉降。在下一轮生长周期开始之前,用推刮板将床面抹平,使生物膜在平床上重新生长。推刮板抹平的过程保证了每一轮循环周期开始时,床面的初始形态一致,以便更好地比较不同循环周期内形成的生物泥沙底床的冲刷过程。抹平形成新的平床后,未见表面有明显的成片生物膜附着。此时,调大装置的转桨转速,使得施加的BSS恢复到0.06 Pa,生物膜在经历过一次生长历史的底床上进行"再生长"(pg1),泥沙底床的强度在新一轮培养期内重新增加。同样的过程共循环3次,分别为pg1, pg2, pg3,如图4.1所示。

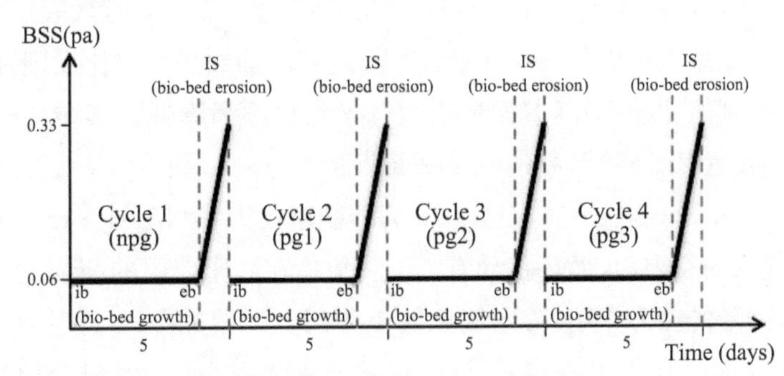

图4.1 循环动力作用下生物泥沙培养—冲刷—再生长实验的时间序列

4.3 循环动力作用下菌藻共生生物泥沙的冲刷特性

如图 4.2 所示，前期生长历史对生物泥沙稳定性的重建具有重要影响。图中，在重复的循环冲刷作用下，生物泥沙系统的冲刷曲线由第 1 个循环周期（“cycle 1”，对应无前期生长历史的“npg”）发展到第 4 个循环（“cycle 4”，对应前期有 3 个循环历史的“pg3”），并以“干净沙”的冲刷曲线作为对照。对比第一轮（“cycle 1”）中无生长历史的（“npg”）经过 5 天生长形成的生物泥沙的冲刷曲线，与“干净沙”的冲刷曲线，发现两者非常接近。这与第三章中单周期恒定流作用下菌藻共生体系培养 5 天后的结果一致，同时证明了实验的可重复性。该结果说明，在仅 5 天的培养下，微生物群落形成的初级阶段生物膜并不能体现出对泥沙的生物稳定效应。随着循环次数的增加，底床的稳定性逐渐提高。最先表现在临界起动切应力的增加方面。随着“pg”次数的增加（即“pg1”到“pg3”，对应“cycle 2”到“cycle 4”），在每一轮循环的生长期内，生物泥沙的抗侵强度都从前一轮的冲刷后迅速恢复，并在相同的培养天数内（仅 5 天），增加至超过前一轮培养下得到的起动切应力。这一结果表明，在相同的扰动频率下，有前期生长历史的生物泥沙表现出更快的生长率，并具有在短期内形成抗侵能力更高的、单周期培养中成熟生物膜才能具有的高稳定性生物泥沙底床。

第三章中单周期菌藻共生生物泥沙体系的冲刷结果表明，即使表层能够形成较厚的、抗侵强度高的生物膜，但在生物膜破坏、剥离后，次表层泥沙冲刷率急剧增加（如图 3.7 所示）。然而，对本章实验得到的冲刷曲线进一步分析发现，循环动力作用下形成的生物泥沙，次表层也体现出一定的稳定效应。如图 4.2 所示，将“cycle 2”和“cycle 3”在 BSS 为 0.30 Pa 时次表层泥沙的冲刷曲线，与无生长历史的“cycle 1”或“干净沙”的曲线进行对比发现，曲线斜率（对应该时刻的冲刷率）随着循环次数的增加也逐渐降低。其中，“cycle 1”的曲线梯度接近“干净沙”，高达 0.339 $kg \cdot m^{-3} \cdot s^{-1}$，而“cycle 2”的冲刷率下降到 0.174 $kg \cdot m^{-3} \cdot s^{-1}$，而“cycle 3”冲刷率仅为 0.081 $kg \cdot m^{-3} \cdot s^{-1}$。产生这一现象的原因为，循环扰动有利于将集中在底床表层的高浓度 EPS 通过悬浮、再沉降的动力作用，带向底床的更深层。残留的 EPS 碎片保持着部分生物黏性，从而利于更深层稳定性的增加。然而，对于第四个周期（“cycle 4”），当梯级切应力（0.30 Pa）作用结束时，仍未见大量的泥沙起动，SSC 值仍接近零。而当BSS继续提高到0.31 Pa后，立即发生大量冲刷，SSC迅速增加，在0.31 Pa这一梯级的冲刷率超过了其余组次。这一结果表明，对于第四个循环周期，虽然表层起动切应力明显增加，但当大面积冲刷发生后，生物效应立即消失，稳定性迅速恢复到非生物状态。其次，表层的稳定、更深层泥沙冲刷率的进一步抑制可能需要更多的循环周期才能达到。正如“cycle 2”和“cycle 3”冲刷曲线的对比可得，两者起动切应力值相差并不大，说明经过一轮周期后，表层的抗侵强度并未有很大提高，但次表层的冲刷率却有很明显的降低。这说明，随着循环动力的不断作用，表层强度的提高和次表层的稳定是一个交替进行、循序渐进的过程。

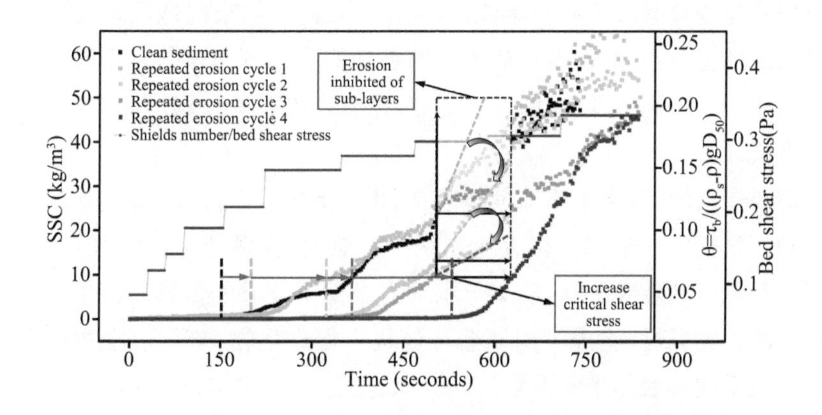

图 4.2　菌藻共生生物泥沙在经历不同循环次数后的冲刷曲线

在循环冲刷的作用下，沙纹的产生明显延迟，或者被完全抑制，如图4.3所示。图中给出了“干净沙”以及生物泥沙在第2～4轮循环周期培养后冲刷过程视频记录中选取的代表性时刻，各图展示了冲刷进行到某一时刻的床面形态。“cycle 1”的冲刷过程与“干净沙”类似，此处不再给出。

“干净沙”在泥沙起动的过程中由于推移质的运动产生沙纹，后在整个冲刷过程中，沙纹不断动态发育、迁移，波高和波长均不断发生改变，直至冲刷深度到达底端，沙纹的纵向发育被限制。经过两个循环周期后，“cycle 2”的侵蚀过程开始表现出与“干净沙”明显的差异。在高剪切力作用下（BSS＝0.277 Pa），破坏从生物泥沙床面的最薄弱点开始，最表层被撕裂后，冲刷由该点开始，破坏范围迅速向四周扩张，而床上的其他部分仍然保持稳定，未见破坏产生。由该破坏点开始，形成“冲刷坑”，并以该破坏点为辐射中心，向四周横向侵蚀。这与非黏性泥沙沿深度方向发生自上而下的侵蚀方式有很大差异。在“cycle 2”的整个冲刷过程中，未见沙纹的产生。冲刷结束后，床面的形态也表现出明显的不均匀性。随着循环次数的增加，生物泥沙底床冲刷过程中的床面形态演变特征继续发生改变。如图 4.3 所示，“cycle 3”中床面的破坏同样开始于某一点处，后向四周扩展。不同的是，该破坏点的侵蚀并未在更高一级的 BSS(0.305 Pa)作用下完全冲刷到底部后发生如“cycle 2”中观察到的横向侵蚀，而是在床面的其他部分同样出现易冲点，逐渐形成多个在平面分布上具有一定间距的、形态上略有差异的冲刷坑。这一现象的出现表明，与“cycle 2”相比，床面的不均匀形变的特征减弱，不再观察到明显的横向侵蚀。当冲刷结束时，床面形态具有与沙纹类似的波状特征，但其形成过程与机理却与沙纹截然不同。类似的，“cycle 4”冲刷结束时床面也展现出与沙纹类似的形态，且其波谷也是从不同的易冲刷点发育而来的。床面同时出现多个明显的小冲刷坑，同时向四周延伸，并最终在更高的 BSS(0.334 Pa)作用下相连成片。

需要指出的是，由于本章实验在封闭的装置中进行，因而所有被冲起的泥沙和生物膜碎片都完全留存于系统中。然而，在潮滩上，冲起的局部泥沙是否能在原区域重新沉降，取决于水动力条件下物质的输移。但生长历史中留存下的生物黏性，将成为周期循环过程中促进生物膜形成、生物稳定性的恢复以及垂向扩展的重要因素。

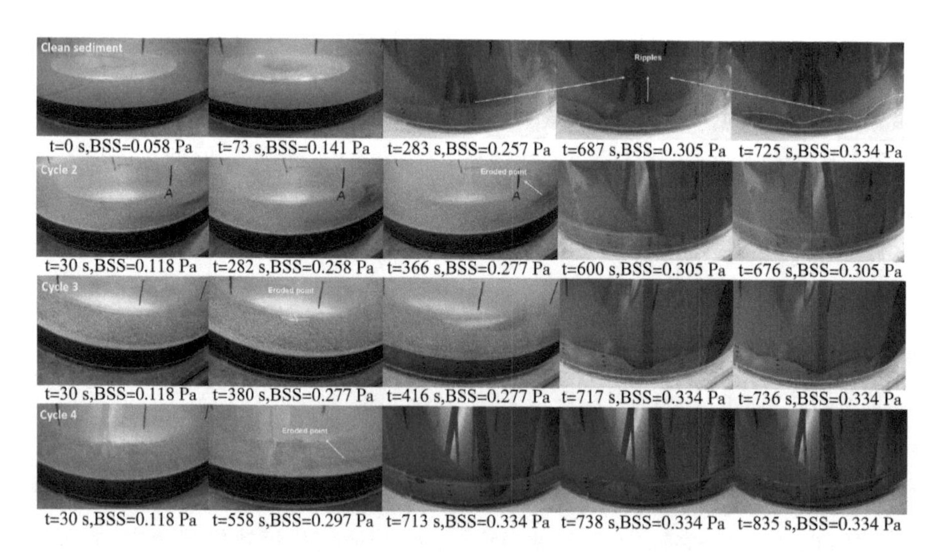

图 4.3 “干净沙”与循环动力作用下菌藻共生生物泥沙的侵蚀过程

4.4 循环动力作用下生物泥沙的形成及其对水动力响应的概念模型

4.4.1 "机会窗口"理论(Windows of Opportunity)及其适用性

"机会窗口"理论的建立,是用于判断潮滩周期性扰动的环境下,盐沼植被系统能否建立。如下图 4.4 所示,$\tau_{cr,o}$ 表示不考虑生物膜作用下泥沙本身的抗侵强度,$\tau_{disturbance}$ 表示大潮期间的最大切应力值,τ_{cr} 表示生物泥沙的抗侵强度。基于传统的"机会窗口"理论,生物膜在小潮期间生长,抗侵强度由"干净沙"的起动切应力 $\tau_{cr,o}$ 为初始值开始,随生长天数的增加,生物泥沙的抗侵强度 τ_{cr} 服从对数增长曲线。经历大潮期间,水流切应力增加至一峰值 $\tau_{disturbance}$,若小潮期间形成的 τ_{cr} 超过这一阈值,则生物泥沙不产生冲刷,生物稳定性不被破坏。当再次经历小潮时,生物稳定性继续增加。经过多次大小潮交替,成熟的生物泥沙体系逐渐形成,如图 4.4(左)所示。而在如图 4.4(右)所示的高频扰动作用下,若生物稳定性不能在第一个周期内得到充分提高,则生物泥沙的抗侵强度 τ_{cr} 将在扰动期间回落到"干净沙"的初始状态 $\tau_{cr,o}$,因而在接下来的循环周期中始终无法形成稳定的生物泥沙体系,泥沙的特性可近似为不考虑微生物因素的纯砂。

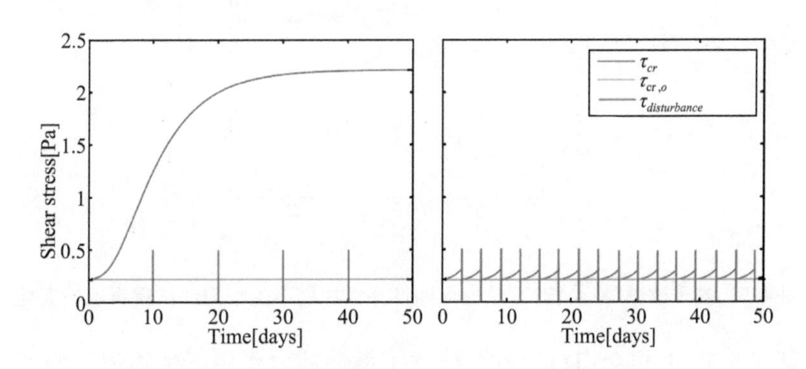

左:低频扰动;右:高频扰动

图 4.4 基于传统"机会窗口"理论循环冲刷下生物泥沙抗侵强度的变化

然而，如图 4.2 所示，本章实验的循环冲刷结果表明，随着循环次数的增加，生物泥沙的抗侵强度并非如图 4.4 所示在每一个生长周期内都重复着相同的增长曲线，而是表现出迅速恢复的能力，并在相同的生长期内(5 天)，增加至超过前一轮培养下得到的抗侵强度。因此，高频扰动的循环动力作用下，在相同的 5 天生长时间内，有前期生长历史的生物泥沙表现出更快的生长率，并具有在短期内形成抗侵能力更高的、单周期培养中成熟生物膜才能具有的高稳定性生物泥沙底床。因此，传统的"机会窗口"理论并不适用于循环动力作用下的生物泥沙稳定系统的建立。

4.4.2 基于改进"机会窗口"理论的概念模型

如图 4.5 所示，随着循环扰动次数的增加，泥沙在每一轮生长周期结束时可达到的临界起动切应力不断增加。由此推测，随着循环次数的继续增加，可能在某一周期内，生物泥沙的抗侵强度将超过扰动切应力，最终冲刷被完全抑制，稳定的生物泥沙体系形成。例如，本章冲刷实验的最高切应力达到了 0.334 Pa，循环 4 个周期后，生物泥沙仅在 BSS 从 0.30 Pa 增加到 0.31 Pa 时发生破坏。因此可以推测，该生物泥沙的临界启动切应力在 0.3 Pa 左右。这意味着，若此时扰动的强度降低到 0.3 Pa 或以下，泥沙在生物稳定性作用下，将能够抵抗这一水流产生的扰动，不再发生冲刷。

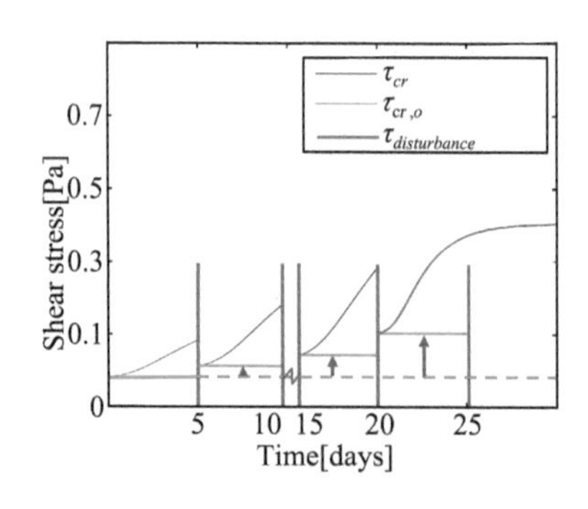

图 4.5 基于改进"机会窗口"理论周期性频繁冲刷下生物泥沙抗侵强度的变化

基于改进的"机会窗口"理论，建立了循环动力作用下生物泥沙的形成及其对水动力响应的概念模型，如图 4.6 所示。由第三章中建立的单周期下生物泥沙形成过程的概念模型可知，生物膜在其不同的发育阶段表现出不同的结构和功能。当与泥沙系统耦合时，生物泥沙所表现出的不同特性也与微生物所处的不同生长阶段有关。因此，结合基于单周期实验结果的概念模型与本章循环动力作用下得到的冲刷结果，提出了同时考虑生物泥沙不同生长阶段的特性变化和循环冲刷影响的概念模型。如图4.6所示，循环开始于微生物细胞在底床上的初始黏附。在菌藻混合体系中，一些微生物种群（细菌、底栖微藻等）的细胞能通过分泌大量EPS形成生物膜，与泥沙颗粒紧密结合；而另一类微生物种类则可能栖息于泥沙孔隙之间（沙层微藻），与颗粒松散黏结。从“干净沙”培养5天后的冲刷曲线均可看出，初期生物泥沙的稳定性效果不明显。初始附着之后，细胞生物量增加，并分泌大量EPS，形成“簇团”状群落，EPS开始包裹较小的颗粒，在较大的颗粒之间形成“架桥”，并于底床表面形成一定厚度的生物膜覆盖层。此时泥沙中的生物黏性显著，床面抗侵能力增加。当扰动发生时，被侵蚀的生物泥沙进入泥沙的“ETDC”循环中（冲刷一输移一沉降一沉积）。在物质交换较弱的系统中，被冲刷进入水体的悬沙以及残留的有机质，将在新一轮沉降过程中重新回到底床中，作为下一轮循环周期的初始状态，开始生物膜的进一步附着和生长。因此，在类似的循环动力环境下，表面覆盖的生物膜以及次表层EPS网状结构包裹的沙粒将有机会借助水动力的作用，进行底床深度方向上的重分布，进入床层的更深处。而这些在冲刷过程中残留的生物膜碎片，将在下一轮生物泥沙底床的再生长阶段中，成为微生物重新附着的“Inocula”（接种物），促进了下一轮冲刷之前生物黏性的增长和底床的稳定。而在这一过程中，生物膜以及生物黏性在底床的垂向分布也将变得更加均匀。

这种加速生长的产生机理，是由于附着在泥沙颗粒上的或残留于颗粒之间的剩余有机物以及微生物细胞，作为一种生物膜生长历史的“足迹”（“Footprints”），为下一轮细胞的附着提供了丰富的“结合热点”（“Binding site”或“Hot Spot”）。这些“足迹”改变了底床的沉积微环境，使得泥沙表面更容易被水体中的微生物附着。类似的机理在前人的研究中也有报道，例如，*E. coli* bacteria细胞在潮间带悬浮泥沙上的黏附，也与其附着历史有关。该研究表明，对于所有测试菌株，其在生物泥沙上的黏附都比在相同粒径的纯砂上的黏附效率更高。

需要指出的是，自然界中由小潮到大潮的变化中，水流切应力也并非从一个低值突增到一个高值，而是在循环中由低到高逐渐变化的。前人研究表明，不同的流速下形成的生物膜其厚度、抗侵强度等均不相同。例如，生物膜中EPS含量在流速从0.04 cm·s^{-1}增加到0.28 cm·s^{-1}的过程中，呈现出先增加后减小的非线性变化趋势。此外，本章研究只考虑了大、小潮的循环周期变化，未考虑每日的涨落潮引起的水流切应力的变化。因此，在自然潮滩系统中，小潮生长期的水动力也并非恒定值，而是一个随涨落潮过程的变化值。前人研究表明，由于每天的涨落周期变化，藻类的垂向迁移也将影响底沙中 EPS 在深度方向的分布。因此，若考虑采用变化的水流切应力作为生长期的水动力条件，生物泥沙底床中 EPS 的积累可能受到一定影响，或导致不同的冲刷结果。显然，真实潮滩环境下复杂的动力条件使得生物泥沙稳定性的演变规律更加复杂。除了大、小潮的循环动力作用以及不同微生物群落组成以外，在这些复杂的环境因子中，哪些是关键性的影响因子，还有待进一步研究。

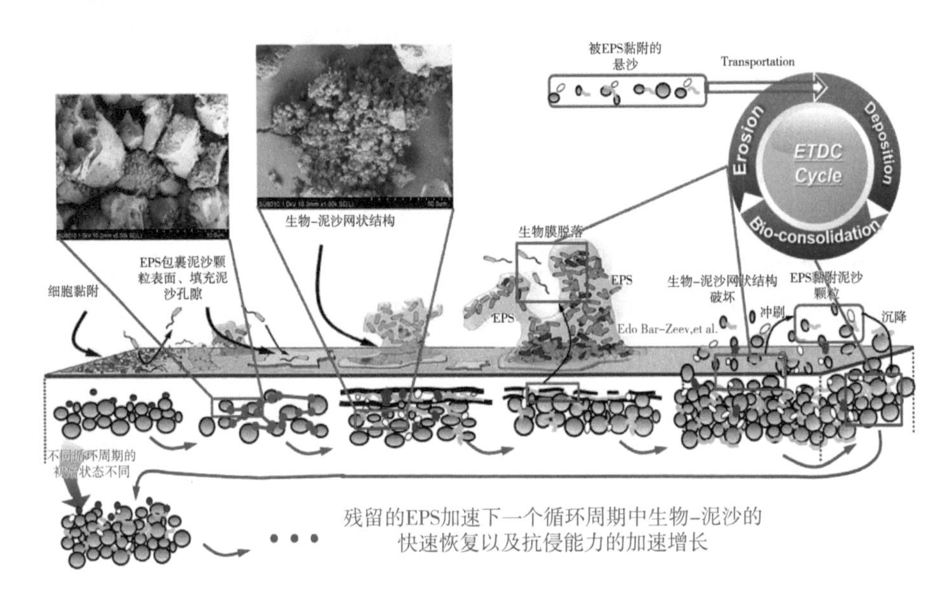

图 4.6　循环动力作用下生物泥沙的形成及其对水动力响应的概念模型

4.5　本章小结

为了研究循环动力作用下菌藻共生生物泥沙稳定性的时空变化，进行生物泥沙的生长—冲刷—再生长的循环培养。生物泥沙每生长 5 天冲刷一次，冲刷后在装置中静置沉降，进行下一轮生长，共循环 4 个周期，实验总天数为 20 天。培养完成后，采用梯级增加的底部切应力进行原位冲刷实验，得到不同的冲刷曲线，对比不同循环内生物泥沙冲刷特性的演变规律。根据实验结果，改进了“机会窗口”理论，建立了循环动力作用下生物泥沙的形成及其对

水动力响应的概念模型。主要结论如下:

前期生长历史对生物泥沙稳定性的重建具有显著的影响。有前期附着历史的生物泥沙表现出更快的生长率,仅 5 天的生长期内临界起动切应力可提高到 0.3 Pa,接近培养初期非黏性底沙的 2 倍,超过了单周期恒定流条件下培养 16 天的生物泥沙的起动阈值。

单周期恒定流下菌藻共生生物泥沙的冲刷结果表明,虽然表层形成较厚的生物膜,增加了底床的临界起动切应力,但在生物膜剥离后,次表层泥沙冲刷率急剧增加。而在循环动力作用下,表层强度的提高和次表层的稳定交替发展,次表层也体现出明显的稳定效应。这是因为与单周期的水动力培养条件相比,周期性冲刷一沉降的过程有助于将表层的高浓度 EPS 重新分配到更深的床层中,从而增强深度方向的整体稳定性。

除了对冲刷的抑制作用外,经过两个循环周期后,侵蚀过程开始表现出与“干净沙”明显的差异。在高剪切力作用下(BSS=0.277 Pa),破坏从生物泥沙床面的最薄弱点开始,并以该破坏点为辐射中心,迅速向四周横向侵蚀,形成“冲刷坑”,而床上的其他部分仍然保持稳定,床面形态呈现出明显的不均匀发育。随着循环次数增加,冲刷开始时形成多个“冲刷坑”,并在更高的切应力下扩张、相连成片,床面的不均匀变形降低。当冲刷结束时,床面形态具有与沙纹类似的波纹状特征,但其形成过程与机理却与沙纹截然不同。

由于生物膜的黏附,增加了底床的抗侵能力,而在循环动力作用下,这种生物稳定性的现象不但没有因为频繁的扰动而衰退,反而越来越被强化。不同循环周期之间,生物泥沙并非重复相同的生长模式,因而传统的“机会窗口”理论并不适用。随着循环扰动次数的增加,泥沙在每一个生长周期结束时可达到的抗侵强度不断增加。据此推测,可能在某一周期内,生物泥沙的抗侵强度将超过扰动切应力,最终冲刷被完全抑制,稳定的生物泥沙体系形成,依此提出改进的“机会窗口”理论。

基于改进的“机会窗口”理论,建立了循环动力作用下生物泥沙的形成及其对水动力响应的概念模型。该模型基于第四章提出的单周期恒定流条件下得到的概念模型,并考虑了循环动力作用下生物泥沙稳定性的演变特性。循环冲刷一沉降作用下,表面高浓度 EPS 将有机会借助水动力的作用,在底床深度方向上重分布,进入更深的床层中。在冲刷过程中残留的生物膜碎片,将在下一轮生物泥沙底床的再生长阶段中,成为微生物重新附着的“Inocula”(接种物),促进了下一轮冲刷之前生物黏性的增长和底床的整体稳定。

5

第5章 结论与展望

5.1 主要结论

本研究聚焦于潮滩泥沙因附着生物膜而产生的生物稳定效应，通过室内实验，揭示了生物稳定效应的影响因素及作用机理。针对潮滩环境的特征，利用自主研发的装置，以生物泥沙的形成及其冲刷行为改变为对象，分别研究了单一菌种和菌藻共生两类不同微生物组成、恒定流和循环动力作用两类不同水动力条件，对生物泥沙稳定性的影响。在此基础上，建立了循环动力作用下生物泥沙的形成及其对水动力响应的概念模型。主要结论具体如下：

（1）恒定水动力下生物膜对底沙的整个冲刷过程均产生重要影响

由非黏性泥沙建立起的生物泥沙底床中，生物膜除了在底床表面累积外，还呈现出在深度方向由表层向底床内部渗透的趋势。EPS在单颗粒上的黏附、多颗粒间的“架桥”以及最终三维网状结构的形成，将分散的泥沙颗粒聚集成团，增强其整体稳定性，改变了非黏性泥沙的特性，继而影响了其起动和冲刷行为。生物泥沙的冲刷是一个全新的表面破坏过程，即使水流达到临界起动切应力，泥沙并不立即起动，而是首先发生生物膜的剥离。冲刷过程中不再产生沙纹，表明泥沙起动初期的推移质运动被完全抑制。破坏从床面的“最薄弱点”开始，床面在冲刷过程中表现出明显的不均匀变形。生物膜还会对次表层泥沙的冲刷产生影响，并形成新的冲刷类型。此外，不同微生物种群的生物膜对泥沙的整个冲刷过程产生不同影响，但作用机理类似，均与EPS的垂向剖面的分布特征紧密相关，生物黏性使得传统意义下的非黏性泥沙展现出黏性泥沙的特性。菌藻共生体系下对底床临界起动切应力的提高约为单一菌种培养条件下的1.7倍。

(2) 生物膜的附着历史对泥沙稳定性的重建有重要影响

有前期附着历史的生物泥沙表现出更快的生长率，仅5天的生长期内临界起动切应力可提高到0.3 Pa，接近培养初期非黏性底沙的2倍，超过了单周期恒定流条件下培养16天的生物泥沙的起动阈值。在潮滩地区以大、小潮循环冲刷为特征的水动力作用下，底床临界起动切应力的提高和次表层冲刷率的降低同时发生，整体抗侵能力不断增强。与单周期恒定水动力条件相比，周期性的生长－冲刷－再生长过程有助于将累积于底床表层的高浓度EPS重新分配到更深的床层中，从而增强深度方向的整体稳定性，并最终改变整个沉积环境，对潮滩地貌演变过程产生本质影响。本书基于生物稳定性在循环动力作用下被逐渐强化的特征，改进了传统的"机会窗口"理论，建立了循环动力作用下生物泥沙的形成及其对水动力响应的概念模型。

5.2 不足与展望

关于潮滩生物膜对泥沙的稳定性研究才刚刚起步，在本研究的基础上，尚有一些问题值得进一步研究：

(1) 地域性、分带性带来的环境差异造成的潮滩底沙中生物膜分布、生物稳定性的改变。生物膜在泥沙上的生长与环境条件关系密切，不同环境条件，如温度、光照强度、营养盐浓度、水动力条件、微生物群落、植被根系、底栖动物等的组合影响下，潮滩生物膜的分布特性及其对潮滩整体稳定性的影响尚未明确。除了本文研究的不同微生物群落组成以及大、小潮循环动力作用以外，在这些复杂的环境因素中，哪些是关键性的影响因子，有待深入研究。

(2) 微生物因子在泥沙输运、地貌演变的数值模型中的耦合。微生物系统始终存在于潮滩的沉积环境中，是潮滩底床的重要组成部分，伴随着泥沙冲刷—输运—沉降—固结的整个循环过程中，对潮滩地貌演变产生重要影响。但在数值模型的应用中，选取哪些微生物因子、如何将这些微生物因子参数化、这些参数是否随潮滩复杂动力环境发生改变，还需基于以上两点，进一步研究。

参考文献

[1] 张长宽. 江苏省近海海洋环境资源基本现状[M]. 北京：海洋出版社，2013.

[2] 王建. 江苏省海岸滩涂及其利用潜力[M]. 北京：海洋出版社，2012.

[3] 江苏省908专项办公室. 江苏近海海洋综合调查与评价总报告[M]. 北京：科学出版社，2012.

[4] 张长宽,陈君,林康,等. 江苏沿海滩涂围垦空间布局研究[J]. 河海大学学报(自然科学版)，2011(02)：206-212.

[5] 洪建. 滩涂资源开发利用与管理[J]. 水利技术监督，2011(06)：16-18.